浙江理工大学哲学社会科学科研繁荣计划学术著作出版资助（2019年度）

材料质感意象认知研究

COGNITIVE PREFERENCE RESEARCH OF MATERIAL TEXTURE

汪 颖 著

ZHEJIANG UNIVERSITY PRESS
浙江大学出版社

序

　　本书通过研究现有设计过程中材料选择存在的问题和设计师在不同设计阶段对材料的不同需求，指出设计师既需要技术属性信息，也需要美学属性信息。书中介绍了许多材料选择的工具与数据库，并将设计师对材料的需求归纳为比较、多层次、产品相关方面和材料样本四个主题分别展开研究。书中提出了材料审美属性与感知属性，并将其转化为对材料质感的研究。作者针对消费者购买各类产品时的偏好意象与产品集群之间的认知状况进行了实验，将消费者偏好意象的认知状况量化为数性结构，通过多元统计的方法，分析得出不同集群的产品在用户偏好意象上表现出的不同属性，利用复合感性工学的方法对材料样本展开实验并分析处理了大量数据；针对目前感性工学方法在分析评价材料质感与用户喜好认知差异上的不足，提出了基于神经网络、遗传算法和基因表达式编程的产品材料质感主观喜好度评测方法，并构建了材质要素与用户偏好意象之间的对应模型；利用基因表达式编程处理复杂函数关系建模上的优势，将偏好意象认知问题转换为复杂的函数关系，提出了一种基于GEP的产品材料质感主观喜好度测评方法，并构建了相应的数据模型；通过计算机与设计相结合的方法，让GEP在设计领域获得了效果良好的应用，这说明计算机在美学方面的应用值得更加深入研究。计算机是科学与理性的产物，而设计是美学与感性的产物，将这二者结合能产生奇妙的效果。

　　本书创新性地提出了材料的审美属性这一概念并展开研究，且将材料的感知属性上升到了美学层面，建立了材料质感要素与用户认知偏好意象的关系模型；提出了基于遗传算法解析质感要素与用户偏好意象之间的认知关系,通过材料质感要素变量实现对用户偏好意象的定量预测。

　　本书内容有利于促进多学科交叉发展,涉及设计学、材料科学、机械工程、计算机图形学、艺术学、认知心理、人因工程等多个学科和领域。除了为相关学科研究者提供新的思路之外,本书也可作为设计、机械、管理、心理等相关领域研究人员读物,或作为相关专业本科生、研究生的教辅读物,同时也可为行业中的工业设计师、产品设计师与设计管理人员在不同设计阶段提供材料选择的工具与方法,为提高我国原创产品设计附加值出一份力,为我国走上从制造大国向设计大国的转型之路做一份贡献。

2019 年 5 月

前　言

材料是人类一切生产和活动的物质基础,形形色色的材料构成了世间万物,而人类的发明创造又丰富了材料世界。材料可以被视为人类社会进化的里程碑,它的不断更新与发展推动了人类社会的进步。设计史上的各个艺术与美学运动也与新材料、新技术的使用密切相关。一方面,设计离不开材料,功能和形态的实现都必须建立于这一基础之上;没有材料,一切都无从谈起。另一方面,材料和设计能够相互促进:材料的发展,特别是新材料的出现,常常会给设计带来启发,实现突破性的发展;而新的设计概念的提出,又对材料发展提出了新的要求,从而有力地促进材料领域对新材料、新工艺的探索与发展。

我对材料的兴趣最早产生于 2003 年在 GE-Fitch 工作期间,那应该是我第一次接触到材料的流行趋势发布,也是第一次开始考虑设计中的材料选择问题。当时为 GE 塑料做了许多产品推广的项目,很多时候需要考虑如何向设计师介绍、推荐某一款材料。由此,我开始考虑在设计过程中,作为设计师,究竟为何选择某一个材料、某一种质感或某一种肌理而不是其他? 是偶然还是必然? 是主观还是客观? 是感性还是理性? 影响设计师选择材料的因素是什么? 这些因素又为什么能够影响他们的选择? ⋯⋯这样的问题不断出现在我自己进行设计和观察别人进行设计的过程中。我逐渐发现,如何选择材料并不是一个简单的问题。我希望在经过多年的思考之后,能够尝试使用科学的方法来研究这个问题,于是就有了本书。

本书从材料的审美属性入手,研究如何建立材料的主观偏好意象与材料的客观物理属性之间的对应关系,通过可量化信息拟合非量化信息,使设计师能够在设计阶段预测消费者对材料的认知与偏好意象,从而提高产品的市场竞争力,同时也可为完善材料选择资源提供信息支持。读者也可以将自身的经验与本书的方法相结合,逐步加深研究的复杂程度,针对新的问题进行研究并形成一些新的材料选择方法或指标。

本书共包括五章。第 1 章介绍了材料选择的国内外研究现状,以及现有材料选择中存在的问题,对设计师在考虑材料与材料选择方面进行了信息需求调查,总结了产品设计师在材料选择中的信息需求。第 2 章提出,目前的材料选择资源主要面向工程技术领域,产品设计师在选择材料时需要综合许多方面的信息,特别是材料在产品中扮演的不同角色——创造产品功能性和产品个性,其中,创造个性需要材料非技术方面的信息。第 3 章采用了层次分析法来分析消费者的购买偏好意象,针对消费者对各类产品购买时的偏好意象与产品集群之间的认知状况进行实验,将消费者对产品购买偏好意象的认知状况量化为数性结构,通过多元统计的方法,分析得出不同集群的产品在用户购买偏好意象上表现的不同属性。第 4 章分析比较了光泽度主客观实验数据、粗糙度主客观实验数据与喜好度的关系,对实验数据进行回归分析,得到线性回归方程。第 5 章针对目前感性工学方法模型在分析评价材料质感与用户认知差异的不足,结合神经网络技术以及遗传算法在产品材料质感方面的优势,提出了一种基于 GEP 的产品材料质感主观喜好度评测方法,并构建了材质要素与用户偏好意象之间的对应模型。第 6 章通过材料驱动设计、木材与情感属性和材料温暖度三个方面以及五个实际案例说明了材料对设计的影响。

在此,要感谢我的博士生导师、浙江大学张三元教授的教诲与指导,感谢浙江大学的孙守迁教授和张克俊副教授,以及荷兰代尔夫特理工大学(Delft University of Technology)的 Elvin Karana 教授和 I. E. H. van Kesteren 教授对此书内容的建议与帮助;感谢在材料样本实验部分参与研究和提供帮助的孙国涛同学和张生涛同学;感谢浙江理工大学的研究生史倩、董春阳、尤临临、罗智兆、徐俊杰、黄泽、徐跃东、李喆沁、宋林林等同学对此书的付出。

目　录

第 1 章　材料选择

1.1　材料与人类社会

材料是一个古老而永恒的主题。

材料是人类一切生产和活动的物质基础,形形色色的材料构成了世间万物,而人类的发明创造又丰富了材料世界。"你可以用它们重建文明,也可以用它们毁灭世界。"(Miodownik,2015)

材料是指人类用来制成各种机械、器物、结构等具有某种特性的物质实体,包括自然产出和人工合成的各种物质,如泥土、石块、钢、铁、陶瓷、半导体、超导体、煤炭、光导纤维、橡胶、塑料等等。材料是我们生产活动的物质基础,世间万物是由各种各样的材料组成的,而我们的生产创造又在不断地丰富材料世界。材料可以被视为人类社会进化的里程碑,它的不断更新与发展推动了人类社会的进步。人类社会历史就是从运用材料到制作材料再到创造材料的历史,历史学家将材料及器具作为划分时代(如石器时代、青铜器时代等)的标志。对材料的认识和利用的能力,决定着社会的形态和人类生活的质量,因此,人类从未停止过对更好材料的追求。伦敦大学学院材料科学教授 Mark Miodownik(2015)说过:"材料不仅是人类科技与文化的展现,更是人类的一部分。我们发明材料、制造材料,而材料让我们成为我们。"

材料技术的不断发展,为科学技术的进步奠定了坚实基础。而科学技术的进步,又对材料的种类与性能提出了更高要求,从而刺激了材料技术的快速发展。目前全球已有超过几十万种的传统材料,新材料也以大约每年5%的速度在增长;现有 800 多万种人工合成的化合物,以平均每年新增 25万种的速度在增长,有许多化合物将会成为工业化生产的新材料,为人类社会和科学技术的发展服务。

纵观设计史可以看到,新材料和新技术是人类创造新事物的驱动力,历史上的各个艺术和美学运动与新材料和新技术的使用之间存在着密切关联。例如,新艺术运动和铜的熔炼、铁的锻造以及玻璃的使用之间的关系,造型运动与钢的使用、铝的铸造之间的关系,波普运动与聚合物之间的关系,等等。新材料的发现可能带来新的产品。例如,正是因为高纯度硅的出现,才有了晶体管;高纯度的玻璃带来了光纤;高矫顽力磁体使得移动电话成为现实。

这一切都说明,无论是宏观上人类文明的进步还是微观上新产品的革新,都有着材料演变和进化的烙印(左恒峰,2010)。材料分类如图 1.1 所示。

1.2 材料与工业设计

材料、功能和形态是工业设计的三大要素。设计离不开材料,材料是工业设计的物质基础,功能和形态的实现都必须建立于材料这一基础之上,而材料和设计之间能相互促进。新材料的出现往往会为设计带来启发,带来突破性的进展,而新的设计思想的提出,又会对材料发展提出更多要求,从而有力地促进材料领域对新材料、新工艺的探索与发展。

工业设计师要依据产品功能、外观等方面的要求来选择合适的材料和加工工艺,设计产品的结构、形态,确定它们的组合方式。设计师在提出设计概念的同时,必须考虑如何去实现这一概念,以及利用现有的材料是否能够通过一定的工艺和技术达到预期的要求。不合适的材料选择不仅会影响外观的美感,还会影响产品的功能实现,甚至削弱其性能,降低其使用价值,或者增加加工、制作的难度。因此,在工业设计的创造活动中,必须仔细考虑材料的性质特点以及相关的加工方法,特别是如何选择材料。不同材料

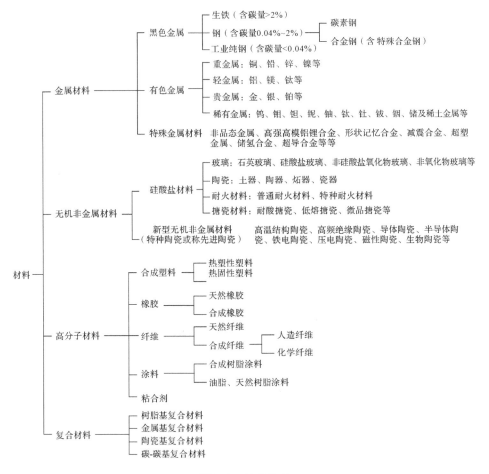

图 1.1　材料分类

的特性能够激发设计师的创造灵感,新材料的出现也可以激励设计师进行新的设计探索。创新有很多种途径,其中一种就是通过材料来实现创新。

1.3　材料选择的概念与研究

在整个设计过程中,设计师不仅需要材料的技术信息,也需要材料的美学信息。材料的技术属性必须满足产品的功能性需要,材料的美学属性必须能吸引消费者的注意,满足使用者的感知需求与心理偏好意象。因此,设计师选择材料时要同时考虑材料的技术属性与美学属性。

在技术层面,材料在科学和工程方面的研究已经非常广泛,现有的材料选择资源均能给出详细的技术属性的数据信息,而且多是量化的。但是,产品和材料消耗增长所带来的充满竞争的市场使得产品设计师除了关注技术层面之外,还要考虑通过材料的感知属性来表达他们的情感,满足消费者的感性需求,因此,设计师开始使用材料特性来为产品赋予特别的含义。例如,看起来冰冷的金属意味着精密度高、持久耐用,因此,金属多被用来强调产品的技术优越感和高端工程感(Arabe,2004)。

虽然材料选择过程中的感知属性对设计师至关重要,但现有的材料选择资源既没有考虑到这一点,也没有将它们纳入材料选择的系统。Ashby等(2010)曾提到,对工程设计师来说,获取他们所需要的信息是很容易的,他们一般通过各类手册、软件等获取信息,分析和优化数据,进而获得安全、经济的设计。但产品设计师却未能获得相当的支持,目前尚且没有类似工具或系统是为产品设计师服务的。通过调查分析现有材料资源的不足,找出产品设计过程中影响材料选择的各方面属性并加以研究,可为后续研究和建立新的设计师材料选择资源提供指导。

设计、制造产品的过程就是以材料为媒介进行物理组织与精神阐释的过程。恰当地选择与组合材料,在产品的整个感知过程中起着决定性的作用(左恒峰,2010)。运用现有材料,加以巧妙组合,能够产生许多富有魅力的效果。Ashby等(2010)的研究表明,我们现在使用的几乎每种材料都是在近100年中发现的,已有材料数量超过16万种。面临如此多种类的材料,选择正确的材料就显得非常重要。因此,设计师不能依赖以往的经验去选择材料,而应该通过系统的程序做出正确的选择。

材料选择,可以被认为是一种问题解决活动(van Kesteren et al.,2006)。这个问题解决活动需要大量的、不断的信息流(Pahl et al.,2007),尤其是新上市产品的材料选择,除了现有的常用材料,还有大量的供应商提供了许多不同的材料。要从这些材料中选择,就需要关于它们的所有信息:它们的性能和表现怎样?价格多少?更重要的是,在技术和美学方面能满足设计师的想法吗?有了适当的信息,设计师才能根据产品的需要来对材料进行比较。如果信息源满足他们的信息需求,产品设计师会在他们的设计中充分应用现有的材料和新的材料。在设计的不同阶段,设计师需要不同的材料信息,对材料选择的信息需求也是不同的(van Kesteren,2008)。在概念设计阶段,设计师需要大量的信息,需要通用数据库,需要考虑尽可能多的材料。在这之后,随着概念的深入,进入细化设计阶段,设计师开始考虑功能和形式,减少备选的材料,这时需要更多、更详细的材料信息。在最后阶段,随着设计的深入,考虑的材料减少到有限的几种,而设计师需要的信息变得更加具体,设计师可能需要关于某一类材料的精确信息,可能需要使用专业的工具,例如生产商的材料数据库。

1.4　材料选择工具与数据库

设计师在设计中需要考虑为何且如何选用某一种材料,这要求他们对具体材料有整体上和细节上的了解。材料选择是基于一系列因素的一个复杂过程,这些因素包括功能要求、制造条件限制、经济及产品生命周期、生态可持续发展性、材料的感官美学及认知等(Ashby,2010)。Edwards(2005)曾做过调查问卷并得出了一个结论:为了达到最佳的设计效果,设计师会有一系列特定的问题,其中必不可少的就是关于材料选择的问题。Deng 等(2007)认为,有很多种方法可以提高设计后期材料选择的效率,但是在设计的初期却并没有什么办法。

1994 年,英国金斯顿大学(Kingston University)工业设计与家具专业教授 Jakki Dehn 开始着手于一项名为"Rematerialise"[①](再生材料)(见图1.2)的关于环保智能材料的研究,其目的在于收集和推广大量可重复利用的材料。他相信,设计师在设计新产品时会发现再生材料非常有价值。到目前为止,再生材料网站已收集了来自 15 个国家的 1200 多种材料,其中有可回收的材料,用非常易于再生的材料制成的产品,用不常使用的材料制成的产品,等等。

---

① http://www. kingston. ac. uk/news/article/313/24-feb-2011-kingston-university-unveils-library-of-sustainable-design-resources-at-ecobuild.

图 1.2　Rematerialise

美国建筑师 Brownell 的"Transstudio"(变换材料工作室)是一个能够重新定义我们周围环境与现有材料的新材料、新产品和新工艺的集合体(见图 1.3)。其网站主要分为研究(Research)、设计(Design)与教育(Education)三部分。研究主要指探索材料技术和设计趋势,以揭示基本的文化、经济和环境要素;设计主要指在研究技术进步影响轨迹的基础上,探索新的材料和设计机会;教育指的是传播有关材料技术、可持续战略和设计创新的重要的、有用的知识。

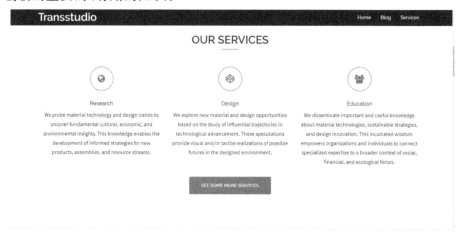

图 1.3　Transstudio

如 1.3 节所述,目前国内外关于材料选择的研究主要是从工程需求出发的,研究工具包括许多多样化的数据库及软件(Ramalhete et al.,2010)。选取了一部分工具(包括收费的和免费的)作为研究对象,选择依据包括:①工具的适用范围较广,不考虑面向特定领域的数据库或者软件,例如用于牙齿修补材料选择的工具;②排除只能查找生产工艺的网站;③排除材料种类少于 12 种的数据库或软件。随后将材料选择工具分为软件和网站两大类,并对其中几个做进一步的介绍,其余工具信息可见附录中的表 A1～A6。

1.4.1　软件类

材料选择软件大致可以分为两类:①信息类,提供大量材料的多方面信息,并通过文字展现出来;②创意类,提供各种类型的材料信息,并通过图片和视频的方式展示出来,用于激发创意。信息类软件呈现的是大量的技术信息,而创意类软件则通过视觉元素呈现信息。信息软件的搜索系统较慢,会列出各个属性之间的微小差别。

(1)Material Explorer[①]

Material Explorer 是 Arnold van Bezooyen 为支持设计师选择材料编写的软件工具,它是一种全新的选择材料的途径,不仅仅基于客观数据,也融合了灵感因素,可以在原子和分子层面上研究材料的结构与性能。软件提供了大量的可定制的建模功能,能够对材料进行精确的模拟参数控制,用户也可以自己设置模拟条件且能对模拟环境进行控制。

Material Explorer 的数据库拥有上千种材料,可以通过名称、关键词、材料种类(九种分类)、感官(纹理、透明等外观属性)、机械属性和原产地进行搜索。Material Explorer 还有一个用来激发创意的实体展馆,里面收集了上千种材料。

(2)Granta 系列软件[②]

Granta Design 公司成立于 1994 年,是由剑桥大学的 Mike Ashby 教授和 David Cebon 教授创建的。他们就材料信息技术的主题开发了多款辅助

---

①　http://www.io.tudelft.nl.
②　http://www.grantadesign.com.

材料选择的软件。其中最有代表性的产品为剑桥工程选择器[①](Cambridge Engineering Selector,CES)。CES 是一个用来帮助设计师选择材料、材料加工工艺的软件(见图 1.4),它包含了三个主要功能:①客观地搜索材料的性能、程序、方法与供应商等信息;②分析材料和程序信息的系统途径与最佳选择;③为复杂性能(如蠕变或疲劳)建立模型。CES 提供了一套全面的材料属性数据和工具,用以支持系统性的材料选择。

图 1.4 CES

　　Ashby 等(2003)认为,产品的表现不仅仅是由材料的单一属性决定的,而是由两个或者多个属性的组合决定的,因此,最有效的材料选择方法是通过图片来选择。CES 帮助设计师和工程师获取与设计有关的大多数材料和生产工艺的信息,更好地融入设计过程,为设计师和工程师提供了一种革命性的选择材料的方式。CES 在单一工具中整合了多种信息,它允许设计

---

① http://www.grantadesign.com/products/ces.

师和工程师通过渐进的方式选择材料,即从所有材料开始,到后期聚焦于有限的几种材料。

(3)寻材问料

"寻材问料"是一款为设计师、材料方案商、材料供应商与工程师提供互动交流的软件(见图1.5)。设计师可以根据材料属性与产品应用领域对材料进行筛选,确定所需材料。软件提供了许多材料相关企业的基本内容、产品及联系方式,设计师或生产商可以寻找合适的材料企业。材料企业可在线发布或接受加工需求。此外,软件还提供了各类材料相关论坛、会议或培训的信息。除以上基本功能外,软件还设立了CMF(国际新材料新工艺及色彩展览会)模块,一方面实时更新展会的相关报告、最新资讯、行业专家等信息,另一方面开设相关培训课程。线下还开设了创新材料馆,里面陈列了超过2000家企业(例如杜邦、赢创)的产品,以及4000多种可触摸的新型材料。软件内也设立了创新材料馆的线上模式,访问者可利用虚拟现实(virtual reality,VR)模式进行在线参观(见图1.6)。

图1.5 寻材问料

图 1.6　VR 材料馆

（4）材料在线

"材料在线"是一个由设计师创立的建筑装饰材料公众号平台。该平台编制了有关建筑与室内材料的两本书籍，其中收录了上百种材料。平台还有"小材宝"应用程序（见图 1.7），主要功能如下：①对材料的属性（涂料、地材、石材等）进行了详细划分，并提供了每一种材料的详细信息（包括材料性能、产品工艺、常用参数、价格区间、注意事项、安装要点及品牌推荐），方便设计师们了解每一种材料；②帮助企业在线发布或者接受各种项目需求；③提供在线顾问，企业、设计师等可以在线进行交流、探讨；④提供每种材料的价格区间，帮助用户在控制预算的情况下寻找所需的材料以及材料供应商。

图 1.7　小材宝

（5）新材料在线

"新材料在线"是一个为设计师提供材料百科、材料创业服务、材料会议或活动的软件，软件内共收录了 1000 多家材料企业的信息，并实时更新材料新闻、材料行业研究报告等（见图 1.8）。"新材料在线"主要功能如下：①提供各类有关材料应用的视频，并对 CMF 展会、材料行业会议、材料馆沙龙、材料创客大赛等线下活动进行直播；②对材料信息进行汇总，并按行业、功能、材质进行划分，为每一种材料提供详细信息，如特点优势、主要应用、生产企业等；③提供在线购物商城，用户可在线购买新材料商品、材料发展趋势电子报告等；④提供各类材料技术培训班、线下考察活动等，将线上与线下活动相结合；⑤开设 VIP 专区，VIP 用户拥有资料下载、购物优惠、企业名录、企业约见等特权。

图 1.8 新材料在线

（6）连联新材料数据库

"连联新材料数据库"（Neuni-Materio）是一个创新材料库（见图 1.9），主要功能如下：①为公司、个人提供关于材料的咨询服务；②帮助客户采购新材料，预测行业趋势；③为设计专业人士及高校师生们提供相关新材料课程以及一些与行业相关的活动；④研究产品的开发周期。该数据库还拥有线下材料数据库——"新材料图书馆"，馆内拥有近 8000 种新材料，设计师们可直接接触这些新材料，并在材料工作坊中探讨对于新材料的应用。另外，"连联新材料数据库"还开设了线下的"小零售"商店，商店内出售各类使用新材料制作的设计作品，线上材料库中的原材料都有机会被制作成产品并出现在线下零售店里。线上、线下的活动有机结合，有助于开发出更多有趣的材料使用方法。

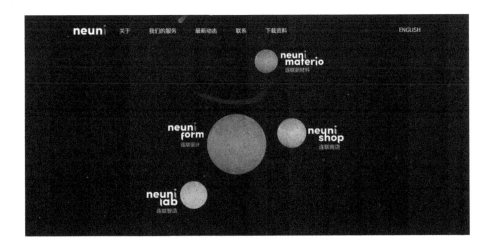

我们的服务

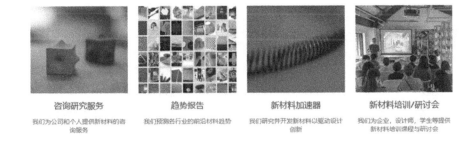

咨询研究服务	趋势报告	新材料加速器	新材料培训/研讨会
我们为公司和个人提供新材料的咨询服务	我们预测各行业的前沿材料趋势	我们研究并开发新材料以驱动设计创新	我们为企业，设计师，学生等提供新材料培训课程与研讨会

图 1.9　连联新材料数据库

1.4.2　网站类

(1)MatWeb

MatWeb[①] 是一个在线数据库，它允许用户通过多种途径查找数千种材料以及它们的属性。这是目前提供材料种类最多、材料相关信息最全的网站，总计有 7 万多种材料。网站中材料的相关信息主要是工程技术方面的，包含物理、机械、热、光、电等方面的属性。以"thermoplastic"(热塑性塑料)一词为关键词进行搜索(见图 1.10)，搜索结果显示，"thermoplastic"一

---

① http：//www.matweb.com/reference/terms.asp.

词对应了 29648 种材料,每种材料之后都有相关链接(每页最多 200 种),用户可通过链接来查看某一材料的完整信息。

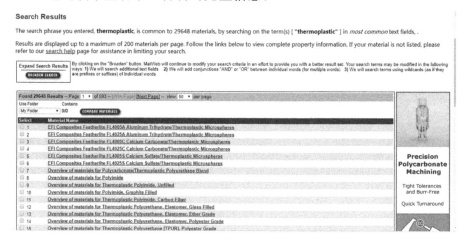

图 1.10 MatWeb

(2)Design inSite

Design inSite[①] 是 1996 年由丹麦的 Torben Lenau 教授提议建立的网站,网站上可以选择与产品相关的材料和工艺,该网站被认为是"设计师的生产指南者"(见图 1.11)。网站建立的目标是成为工业设计师的制造向导,让设计师在设计工作中考虑新的或未知的材料和程序,并应用于实际生产中。网站提供的信息按照产品、材料、流程、参照、方法这五项归类,包括各种制造程序、材料和使用材料的产品。

进入材料页面(见图 1.12),可以看到 12 种材料,每一种材料都对应了详细的属性链接,这些链接为用户提供了该材料的详细情况与具体应用等信息。

(3)Material ConneXion

Material ConneXion[②] 网站于 1997 年诞生在纽约,是全球最著名的新材料资源库之一(见图 1.13)。Material ConneXion 网站提供 7000 多种材料的展示,访问者按图片选择材料,通过网络从数据库中获取信息。网站允

① http://www.designinsite.dk/htmsider/home.htm.
② http://www.materialconnexion.com.

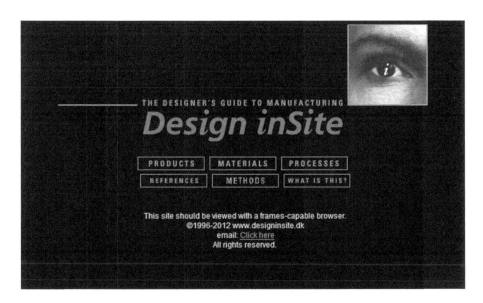

图 1.11　Design inSite

图 1.12　材料页面

许用户通过各种精确或不精确的数据从材料样品库中挑选材料。此外,它还拥有世界著名的材料展示馆,其中,超过 1400 种的创新材料按聚合体、玻璃、陶、碳基材料、水泥基材料、金属、自然材料和自然材料派生物八大类展示。

Material ConneXion 持续关注与跟进最新材料的研究,馆内专家每季度更新一次网站内容。Material ConneXion 的创始人 George M. Beylerian

图 1.13　Material ConneXion

希望设计师、建筑师和材料选择专家们充分利用新材料进行设计，创造更好的产品。

（4）Innovathèque

与 Material ConneXion 类似，Innovathèque① 是法国一个适用于家具行业材料和相关技术的网站（见图 1.14），它收集了数千个材料样本，并根

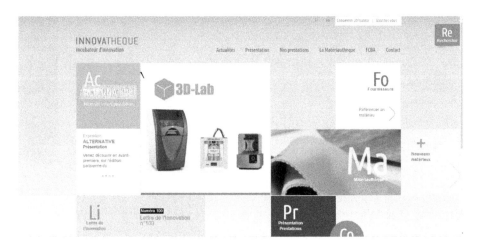

图 1.14　Innovathèque

---

① http://www.innovatheque.fr/fr.

据创新标准严格挑选样本。网站提供专门的搜索引擎以方便用户顺利查阅，还可以访问信息记录，包括照片、描述、供应商地址等。Innovathèque 提供有关设计技术解决方案的各类服务，包括材料、工艺、系统、人体工程学、使用、环境等。该网站的在线数据库是基于订阅的，主要分为材料、方法、系统三大类（见图 1.15）。

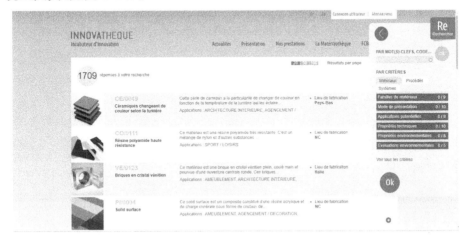

图 1.15　Innovathèque 材料信息页面

它还拥有自己的图书馆，馆内汇集了成千上万的材料样本，包括农业资源（木材和植物纤维）、塑料（热塑性塑料和生物塑料）、复合材料、玻璃、金属、陶瓷、石材、混凝土、纸、皮革、动物材料；也提供关于制造工艺、加工处理的信息，如声学、绝缘、加热、发光、组件等。在馆内可以触摸、感知、分析和拍摄这些样本，并在线查找有关材料的所有技术信息。

（5）Material KTN

Material KTN（Knowledge Transfer Network）是由英国政府资助的专门机构。在这个大平台下，又有一系列小平台，其中最有影响的是 MADE（Materials and Design Exchange）。MADE 是由英国材料学会、皇家艺术学院等合办的材料设计互动平台。在这个平台上，科学家、工程师、材料专家与设计师等均可以进行沟通合作，互相交流信息及创意。MADE 有自己的期刊，经常会举办专题材料与设计的研讨会、工作坊、试验观摩、设计竞赛等，并且有一定规模的材料样品信息库（左恒峰，2009）。

图 1.16 为平台最新发布的 2019 年在伦敦举办的活动：IRC 2019，纪念 Thomas Hancock 在天然橡胶方面的开创性工作。这项活动有助于扩大全球橡胶市场技术进步的影响力。

图 1.16　Material KTN

（6）CAMPUS①

CAMPUS（Computer Aided Material Preselection by Uniform Standards）是全球最成功的塑料数据库服务系统，它按照统一的标准进行材料挑选，根据具有约束力的国际标准，测量和比较真实的材料数据，将全世界最著名的塑料原材料供应商的各种产品的物理指标都收集在其庞大的数据库里（见图 1.17）。产品设计师和需要的用户可以免费在其中进行查询、比较，并做出最终选择。目前有超过 50 家塑料制造商会依据 ISO 10350 及 ISO 11403 标准输入与其自有产品相关的标准、限定和比较参数。除了在线版本，CAMPUS 也有 PC 版本（见图 1.18）。

---

① http://www.campusplastics.com.

图 1.17　CAMPUS 在线版

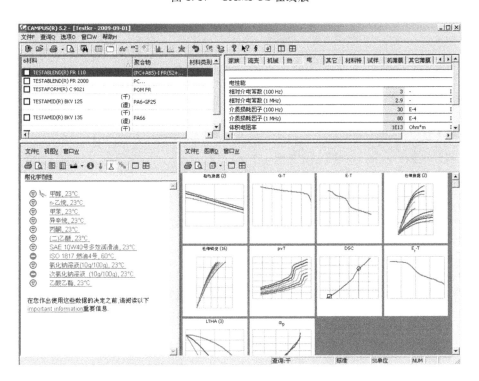

图 1.18　CAMPUS PC 版

（7）Materia

Materia[①] 是一个创新材料匹配平台，也是目前少数几个可以通过人的感知属性来搜索材料的网站之一，可以将材料需求与材料解决方案进行匹配。平台拥有六个市场类别——建筑、室内设计、纺织品与织物、城市与景观、产品和印刷与标志。其部分材料搜索选项如表 1.1 与图 1.19 所示，从中可以看到许多与感知觉有关的选项，如"光滑的""温和的"等。

表 1.1　搜索选项列表

属性	选项
材料种类	陶瓷/涂层/水泥/玻璃/金属/天然石材/其他天然材料/塑料/木材
光泽度	镜面般光泽/无光泽的/缎子般光泽/多变的
半透明度	0/0～50%/50%～100%/100%
结构	关闭的/开放的
肌理	粗糙的/中等的/光滑的/多变的
硬度	硬/有弹力的/软的
温度	凉爽/中等/温暖
音质	好/温和的/欠佳
气味	温和的/强烈的/无气味
耐火性	好/中等/欠佳/不清
抗紫外线性	好/中等/欠佳/不清
耐气候性	好/中等/欠佳
抗划刮性	好/中等/欠佳
重量	重/中等/轻
耐化学性	好/中等/欠佳
可再生性	是/否

（8）各材料商的门户网站

各大材料商都有自己的网站，网站中也有材料选择内容，如通用电气百龙特塑料（General Electric Polymerland）、博德克（Boedeker）、顾特服

---

① http://materia.nl/material.

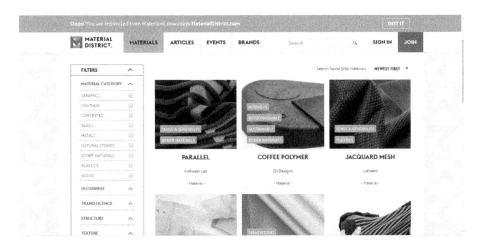

图 1.19 Materia 的材料信息检索

(Goodfellow)、巴斯夫(BASF)、拜耳(Bayer)、山特维克(Sandvick)、杜邦(Dupont)等等。这些网站中的材料选择工具通常是作为附加服务出现的,这些工具不仅仅服务于设计师,也为材料的生产者和销售商提供服务,但主要用于探索自身产品信息。

1.4.3 小 结

大多数的数据库都含有超过两大类的材料,最具代表性的材料种类是聚合物和金属,最少被提及的材料是纳米材料和气凝胶。几乎所有的数据库都有不止一种选择方法,其中最常见的是材料名称、材料族类、关键词、属性(总计有 12 种选择属性,最常见的是物理、机械、电和热)。

在对几个最具代表性的材料选择数据库进行深入的分析后,得出如下结论。①大部分的材料选择用数据库,可以按照以下类别进行分类:通用型,包括很多类材料;特型,只含有一类甚至只有一个子类的材料;生产商数据库,只含有该厂商的所有材料。②在大多数工具中,材料选择是通过机械和物理属性进行的。③数据库中收录最多的材料是聚合材料和金属材料。④大多数数据库都缺少关于材料美学方面的信息及材料表面的信息,这使得它们无法成为创意工具,同时,大多数数据库缺少关于生态方面的信息,所以当要考虑生态因素的时候,这些工具的使用就会受到限制。⑤选择的初期,应当使用可以搜索几乎各个种类材料的通用型的数据库,而随着选择过程的深入,则可以改用更加特定的工具。⑥数据库的信息比较同质化。⑦数据的适用性、内容的组织结构实用性以及界面可用性是工具受欢迎的关键。

1.5 影响设计师选择材料的主要因素

在工业设计中,材料选择是一个基于一系列因素的复杂过程,这些因素包括功能要求、制造条件限制、成本控制、产品生命周期、生态可持续发展性与材料的感官美学及认知等(左恒峰,2010)。美国材料信息学会(ASM International)认识到设计师对材料的触觉和美学价值有特殊的信息需求。但是,产品设计师所要处理的仅仅只是这些非技术信息吗? 其实产品设计师对材料的信息需求也取决于他们选择材料时考虑的因素。

1.5.1 材料选择方法

确定产品需求以后进行材料选择,不仅仅是用候选材料去匹配需求,还需要将这些需求与庞大的材料数据库中的材料进行比较,初步选出一些可能合适的材料。这些从零售网络中获得的材料随后还要在特定的产品中被检验(van Kesteren,2008)。

在产品设计中如何正确地选择所需要的材料呢? Ashby 等(2010)曾提出过四种材料选择的方法,分别是分析(analysis)法、综合(synthesis)法、类似(similarity)法和灵感(inspiration)法。这些方法可以分开使用,但最有效的途径是开发和利用每一个最有用的特色(Ashby et al.,2010)。四种方法各自采用不同的策略,具有各自不同的信息需求。

(1)分析法

采用分析法时,产品需求清单需要被翻译成材料的目标与制约因素,然后甄别出一个材料的数据库。该方法需要现有材料特征的信息资料。首先需要使用专业技术术语来表达满足目标和设计条件的说明,接着分析材料的成分、性能指标等,最后再从材料数据库进行筛选。分析法确定了一套选择材料时必须遵守的规则,需要通过精确定义、甄别以及合理筛选才能选取出符合要求的材料。因此,分析法是一种较为稳妥的材料选择方法。

(2)综合法

综合法需要其他已解决问题的经验,以及以前材料解决方案的信息。综合法主要是总结过去的经验,将描述意图、美观和感官的特征作为表达设计要求的依据。例如,有一些产品常常给人以危险的、令人恐惧的感觉,如何使之变得更友好、更幽默、更容易让人接受呢?首先需要搜索具有友好感觉的其他产品,关注它们在材质、造型方面的特点,然后综合它们的优点进行设计。综合法的缺点是其主要依靠过去的经验来对现有产品进行改良,却没有提出新的方案,因此有时会缺乏新意。

(3)类似法

如果产品需求不是选择的起点,则可以用类似法。对于一种已确定的材料来说,其所生成的属性参数文件被用来寻找与之密切相关的材料解决方案。这与分析法一样,需要现有可得材料特征的信息资料。例如,当现有材料无法获取或由于某种原因无法满足更改后的设计要求时,可寻求替代材料。如果从头开始分析、筛选,就可能在此过程中丢弃有价值的信息,并且会不断地浪费时间。最理想的情况莫过于替代材料在所有重要方面与现在使用的材料相匹配。首先要确定现在所使用的材料的主要特征,其次要确定替换材料所必须拥有的几项特征,最后才能搜索满足以上条件的材料并进行筛选。寻找替代材料可以帮助设计师打破先入为主的想法,从而使设计方案更具有创新性。

(4)灵感法

设计师的许多想法都来自于其他设计师、设计作品以及他们自身所处的社会环境。许多好的设计想法都是被意外触发的,属于创造性思维。创造性思维引出了灵感法:一个材料数据库和一个产品数据库相结合,然后随机产生新的匹配。

1.5.2　材料选择的考虑因素

信息需求不仅取决于选择方法,也取决于材料在产品中扮演的角色,是使之具有技术性功能的角色,还是创造审美特色[或者称之为"产品个性"

(product personality)〕(Ashby et al.,2010)的角色？因此,产品设计师要考虑不同角色所导致的不同方面,这些方面包括产品功能、产品生命周期、产品将来的制作者或使用者、可用性、产品个性、环境、费用等。材料多层次地、复杂地、并不总是可量化地影响着这些方面。

Shercliff 等(2001)开发了一种工艺选择的办法来处理材料、设计和制造过程的复杂事务。van Kesteren 等(2009)展示了材料考虑和其他设计考虑(产品个性、使用、功能、外形和制造)之间的关系。Ljungberg(2003)强调生产方法、功能、用户需求、设计、总价和环境方面都是重要的材料选择标准。

在大多数情况下,设计师要做一些比较性的评价来选择最合适的材料。如 Patton(1968)就相信,对任何材料而言,最重要的限制就是它最终的生产制造成本。Esin(1980)将材料选择的考虑因素分为生产需求因素、经济需求因素和维护需求因素三类。他认为,在功能层面选择材料必须能够具体化,因此在设计的过程中设计师们还需要考虑材料加工、成型、焊接等能力。Esin 还指出,设计师必须考虑到维护需求,用户应该能够较容易地维修破损部分或替换已损坏的部件,而且花费不能过高。

Karana(2006)探讨了产品设计师需要的数据类型,结论是产品设计师除技术信息之外,还需要有关感官特性和感知价值的信息,这些信息受诸如文化、潮流趋势、联想和情感等因素的影响。在类似 CAMPUS 的数据库中,技术方面的材料信息是可以被条理清晰地获得的,如材料的力学性能、热性能和电气性能,但事实上却只能找到有限的关于非技术属性(比如审美和个性)的信息。感官特性中关于色彩和其他视觉方面(如透明度和光泽度)的信息能找到一些,但其他感觉(如触觉)和感知价值信息都很难被找到。

1.6　材料选择中的信息数据需求

设计师用不同的方法获取材料选择时所需的信息,并用不同的信息源熟悉材料的性能。如果信息源能够满足产品设计师的信息需求,他们会在设计中充分应用材料（Ashby et al.，2003；van Kesteren et al.，2006；Karana，2006）。为了识别设计师们选择材料时所需要的信息，本书设计了由多位专业设计师参加的一项调查。调查主要是通过一系列访谈，从产品设计师那里得到一份他们常用材料选择的信息源清单。访谈的主要问题包括在材料选择时会使用什么信息源，对所提供的材料信息满意程度如何，可用性如何，信息是怎样被找到的，如何跟上材料和工艺技术领域的新发展，等等。按不同信息来源类型进行分类，所得结果如表 1.2 所示。

表 1.2　材料选择中常用的信息来源

来源类型	访谈结果
经验：客户、同事和专家的知识，过去项目的经验	设计师的经验很有价值，是选择一系列备选材料的起点。设计师大多从以前的项目或展览中获得经验。如果缺乏经验，他们会和资深设计师、材料专家讨论。客户的经验也很有价值，设计事务所的设计师和客户的工程部门有着紧密的联系
测试	材料供应商对材料进行测试，从而提供如化学阻力、耐久力、抗压强度等信息。设计师和生产厂家一起测试备选的材料，以此来证实其是否能够如预期般地被加工，通过实验，设计师还可以发现材料的可能性，创造材料新的使用方式
打样产品：购物所获的灵感、同类竞争产品、商业展览、设计类杂志（如 i-D Magazine①）	打样产品需要和被设计的产品类似，或有设计师感兴趣的特点。设计师参加展会以跟进业界的最新动态
数据库、搜索引擎：公司内部数据库、通用数据库（如 CAMPUS 塑料）、商业数据库（如 Ide-Mat②、CES）、搜索引擎（如 Google）	很多公司都有内部数据库，大部分设计师也在项目初期选择材料供应商和厂家的阶段使用大众搜索引擎
样本搜集：前期项目的样本（如 Tech Box③）、商业样本收集（如 Material ConneXion、Materia）	样本包括各种小册子、产品或产品零部件及材料样本。样本可以提供知觉方面的信息，如视觉和触觉。供应商和生产者有时会拜访设计事务所，展示和解释他们的材料

---

① http://www.id-mag.com.
② http://www.idemat.nl.
③ http://www.ideo.com/work/tech-box.

续表

来源类型	访谈结果
书、展览：能获取灵感的书（如 Lefteri 系列）、展览（如 Materials Skills①）、材料协会组织的研讨会	设计师们利用在学校学习时的教材和笔记来获取信息，看哪个材料会适合他们面对的设计问题。在项目进行时并不一定随时都有展览和研讨会，但设计师靠它们来积累经验
个人：顾客建议（来自材料供应商或生产商）、公司访问	设计事务所和他们的客户经常会有有关合作供应商的选择，来自供应商或生产商的专家在项目的整个过程中与设计师讨论哪种材料最符合要求，需要哪个添加剂，用哪个颜色和效果，材料的加工性能怎么样，等等

被试者刚开始选择材料时，一般先根据经验选择几种，然后就这几种材料联系供应商和厂家。设计师常常强调，虽然材料经过了性能测试，但很难预料当它被用于一个设计好的形状时将会怎样表现，产品使用环境也是一样，比如室外环境会让塑料褪色，等等。为了保证产品的可靠性和耐久性，设计师需要预测材料的表现，因此他们从不同的来源（如公司的经验、测试和打样产品）来获得所用材料的信息。

一般信息主要是设计经验较少的被试者使用的，当设计师需要知道哪种材料适合时，这些信息来源是很有帮助的。设计师主要会转向可用性等信息。设计师在项目的具体问题中使用一般信息（如教育信息）获得对目前及将来项目的灵感。

在前文中提到过，设计师要从一系列现有的供应商的材料中做选择，访谈也证实了这一点。被试者把所有提到的材料供应商和生产商视作信息源。当和这些信息源接触时，被试者知道他们在找哪类材料，他们会选择供应商或生产商并与之联系。但材料供应商和生产商代表会从商业利益出发来提供信息，很多情况下这对设计师而言是一个缺点，因为材料供应商不能对自己企业以外的材料提出建议。总之，目前设计师使用的信息源有很多类型，每个项目中都同时有几个信息源被使用，这些来源反映出材料信息中什么是重要的，即关于可用性、产品应用和灵感的信息。

---

① http://www.materia.nl/material_skills/uk/index.htm.

访谈的结果显示,设计师的信息需求反映在设计师使用的信息源上,设计师获取材料特性的不同信息类型显示了他们使用的不同选择方式。分析法和类似法需要可用材料特性的信息,设计师从供应商和生产商处获得这些信息,但只有在设计的后期阶段才会对材料的要求有清晰的定义,这时设计师采用综合法和灵感法:在综合法中设计师用"一般材料软件",需要产品特征的信息;在灵感法中设计师用"独立资源"和"一般材料软件",例如材料样本、展览、书和打样产品。

产品设计师在选择材料时考虑的和产品问题有关的方面是"一般材料软件"类别,在这一类中,产品设计师搜索的信息超过了材料特性并且包括了诸如生产、生命周期、美学和其他方面。在"一般材料软件"资源和"样本收集"资源类别里也可以找到一部分与材料创造产品的功能性和个性有关的方面。通过样品,产品设计师可以获得材料的感知属性。虽然设计师常局限于自己的判断,但他们觉得,在这方面,材料样品是一个很重要的信息源,根据经验,他们知道材料将会给产品带来怎样的个性。

此外,被试者们还提到,比较所需材料特性和材料性能,比较所需产品特点和材料解决方案,都需要材料的信息。他们经历过更多材料之间比较的困难,也经历过使用不同信息源需要信息细节的困难。在一个设计项目中,问题往往和解决方法一起发展,结果在设计的前期阶段,材料特点的准确价值往往没有展现,经常需要寻找候选材料,到了后期,这些困难才被翻译为信息需求。

产品设计师的信息需求可以用四个主题来总结:比较、多层次、产品相关方面和材料样本。前两个主题与设计过程有关,后两个主题与信息内容有关。①比较:设计师需要比较一系列材料数据库以解决问题,因此数据库需要包含能够比较的信息。②多层次:在不同的设计阶段,设计师的需求不同,初期用普通的、定性的词作为搜索参数,如"硬的"或"透明的";后期用更精确的、定量的词来搜索,如"硬度"或"透明度"。因此,材料信息必须以适应不同设计阶段的方式展示,选择的工具必须能根据不同的设计阶段调整数据库。③产品相关方面:设计师常常缺少与产品相关的信息,如在整个产品生命周期中材料会表现得怎样,将会怎样影响产品的使用和形态。④材料样本:主要用于获取灵感,尤其在非技术参数(如感觉和个性)方面,这是建立在经验基础上的(Ashby,2005;Beiter et al.,1993;Shercliff et al.,2001;van Kesteren et al.,2009;Ashby et al.,2004)。设计师在概念阶段面对材料图片更容易产生灵感,但在设计后期就会需要更多细节。

　　van Kesteren(2008)提出,可用三种方法搜集材料数据:①输入材料名称进行搜索;②根据材料特点(如机械性能和感觉参数)进行搜索,搜索可以有两种模式,一种是简单地用词语来形容(如高或低),另一种是以数字方式显示;③在图表中对材料进行比较。

参考文献

左恒峰,2009. 材料资源的整合对于设计艺术的意义[J]. 装饰(12):118-119.

左恒峰,2010. 设计中的材料感知觉[J]. 武汉理工大学学报(1):1-7.

Arabe K C,2004. Materials' central role in product personality[J]. Industrial Market Trends.

Ashby M F,2005. Materials selection in mechanical design[J]. MRS Bulletin,30:995.

Ashby M F,Brechet Y,Cebon D,et al.,2004. Selection strategies for materials and processes[J]. Materials & Design,25(1):51-67.

Ashby M F,Johnson K,2010. Materials and Design:The Art and Science of Material Selection in Product Design[M]. Oxford:Butterworth-Heinemann.

Ashby M,Johnson K,2003. The art of materials selection[J]. Materials Today,6(12):24-35.

Beiter K,Krizan S,Ishii K,et al.,1993. HyperQ/plastics:an intelligent design aid for plastic material selection[J]. Advances in Engineering Software,16(1):53-60.

Deng Y M,Edwards K L,2007. The role of materials identification and selection in engineering design[J]. Materials & Design,28(1):131-139.

Edwards K L,2005. Selecting materials for optimum use in engineering components[J]. Materials & Design,26(5):469-473.

Esin A,1980. Properties of materials for design[D]. Ankara,Turkey:Middle East Technical University.

Karana E,2006. Intangible characteristics of materials in industrial design[C]// The International Conference on Design and Emotion.

Karana E,Hekkert P,Kandachar P,2009. Meanings of materials through sensorial properties and manufacturing processes[J]. Materials & Design,30(7):2778-2784.

Kumar S,Singh R,2007. A short note on an intelligent system for selection of materials for progressive die components[J]. Journal of Materials Processing Technology，182(1-3)：456-461.

Ljungberg L Y，2003. Materials selection and design for structural polymers [J]. Materials & Design,24(5):383-390.

Miodownik M，2015. Stuff Matters：Exploring the Marvelous Materials That Shape Our Man-Made World[M]. New York：Mariner Books.

Ramalhete P S，Senos A M R，Aguiar C. Digital tools for material selection in product design[J]. Materials & Design，2010，31(5)：2275-2287.

Pahl G，Wallace K，Blessing L，2007. Engineering Design：A Systematic Approach[M]. Springer.

Patton W J，1968. Materials in Industry[M]. New Jersey：Prentice-Hall Inc.

Shercliff H R，Lovatt A M，2001. Selection of manufacturing processes in design and the role of process modelling[J]. Progress in Materials Science,46(3):429-459.

van Kesteren I E H，2008. Product designers' information needs in materials selection[J]. Materials & Design,29(1):133-145.

van Kesteren I E H，Kandachar P V，Stappers P J，2006. Activities in selecting materials by product designers[C]// Proceedings of the International Conference on Advanced Design and Manufacture，Harbin，China.

van Kesteren I E H，Stappers P J，Kandachar P，2009. Representing product personality in relation to materials in a product design problem[J]. Nordes(1).

第 2 章　材料质感

2.1　材料属性

21世纪现代工业社会的特点之一是材料使用的增加,这不仅是因为材料消耗不断加快,也因为材料使用不断多样化。事实上,假设按照现在世界生产和人口的增长趋势,下一个15年的材料需求将是过去材料使用的总和(Forester,1988)。人们主要通过产品来和这些大量的材料进行交互,而设计师与材料之间的交互则涉及材料的许多属性:材料的技术属性必须满足产品使用的功能性需求;材料的感知属性必须能契合使用者的感觉或审美。因此,产品设计师在为产品选择合适的材料时,就需要同时考虑材料的技术属性和感知属性。此外,结合材料的技术属性和感知属性,本书在后续内容中提出了"审美属性"这一概念,用以阐述材料的美学意象。

2.1.1　材料的技术属性

为某个产品选择材料是一个艰巨的过程,设计师要进行尽可能多的尝试,有时可能要付出极其昂贵的代价。对一个具体的产品来说,总是有多种材料都适合,而设计师最终的选择也一定是优缺点并存的折中之选。在材料选择过程中,设计师需要考虑许多因素和约束条件,当然在设计项目初期可能就对材料有着明确的要求。虽然大部分材料选择资源(包括工具与数据)同时包括工程和非工程内容,但主要还是关注技术方面,而对于非工程方面关注较少。

Patton(1968)提出,设计师在选择材料时必须考虑三个基本需求,即服务需求、制作装配需求和经济需求。他认为,服务需求是首位的,包括空间稳定性、抗腐蚀性、充分的强度、硬度、韧性和耐热性。制作装配需求是指材料必须可被塑形或与其他材料连接。他提出,设计的目的就是要使产品和制造的成本全部最小化。例如,一种更贵的免加工金属也许可以代替传统金属,因为省下的加工成本可能会超过更换金属本身增加的成本。

Karana 等(2009)则认为,机械属性和成本是材料选择的两个基本需求。机械属性为基础材料科学的发展提供支持,鼓励设计师开拓新材料的新领域。材料的机械属性限定了材料所适用的场所和环境,强度、硬度、表面的质量与持久度都是机械属性中最重要的项目。类似的,根据 Lindbeck 等(1995)的研究,材料的物理属性(熔点、密度、多孔性和表面肌理)、化学属性(抗腐蚀和分解性)、电属性(对电荷的传导性和抵抗性)、声学属性(对声音的反应)和光属性(对光的反应)等方面的相关需要都必须通过合适的材料选择来满足。

Budinski 等(2009)将材料选择中需要考虑的因素分为四大类,分别为化学、物理、机械和尺寸属性。他们将尺寸属性作为一个单独的因素,因为材料的可用尺寸大小、形状、表面处理和公差往往是材料选择中最重要的因素之一。Budinski 等还强调了可获取因素的重要性。许多设计师在选择材料时首先关心的是这种材料是否易于获得。如果答案是"否",则会引起第二个问题:多久能拿到? 如果答案可以接受,那么接下来的问题就是:需要先少量订购吗? 为获取材料规划时间是设计师的责任,如果需要的某种材料不能在计划时间内获得,那么设计师将要寻找另一种材料取代它。

Mangonon(1999)将影响材料选择的六个方面归纳为物理因素、机械因素、处理和加工性、成分寿命、成本与可用性以及准则与法规。成分寿命与材料所暴露的环境中执行其设定功能的时间长度有关,其属性包括抗腐蚀、抗氧化、抗磨损和抗蠕变,还有动力装载下疲劳或是腐蚀疲劳。他将成本和可用性合并为一条标准,因为他认为在市场驱动的经济中这两部分是不可分的。准则与法规方面就是 Budinsk 等(2009)称为商务因素的内容,与当地的材料处理规则与使用程序有关,并与健康、安全和环境需求密切相关。在大部分材料选择资源中,环境因素都被列在设计师需求清单的最后面。

Mangonon(1999)认为,环境因素包含了材料的制造、使用、再利用和处理几大环节。如果不考虑成本增加,为环境而设计是个很好的策略,因为这是针对环境意识强的消费者的有效市场手段。

然而如果只考虑材料的技术属性或者物理属性,真的能生产出让用户接受的完美产品吗?答案是否定的。因为随着生活水平的提高,用户对于产品的需求不再仅仅停留于功能、寿命或是坚固耐用等方面,而是逐渐开始追求心理上、感官上的需要,用户的认知也开始由传统的技术属性向更人性化的感知属性转变。因此,材料的感知属性成为一个全新的关注方向。

2.1.2 材料的感知属性

(1)材料的感知觉

心理学中,感觉与知觉是两个既区别又统一的概念。感觉是指某种即刻的、基本的、直接的体验,是大脑对物理环境的特质与属性的认识,如软、滑、热、蓝等,这些认识大部分都是由单一的物理刺激产生的。而知觉是诠释和处理从感觉器官直接获得的信息的一个过程,人们通过过程的结果形成对外界事物之间关系的一种有意识的体验。因此,知觉更多的是心理过程,在这些过程中,意义、关系、背景、判断、过去的经验和记忆都会对结果产生影响。在更整体化的意义上,关于知觉的研究主要是针对人们怎样形成对外部环境的清醒的映像以及这个映像的准确性(Ashby et al.,2010)。

根据以上对感觉和知觉的区分,在材料研究的主题下,感觉的问题可能会是"该材料的表面是否粗糙",而知觉的问题可能是"你觉得这个表面是塑料的还是金属的""触感如何""抓握是否打滑"等。在很多情况下,很难清晰地区分感觉与知觉,就像很难准确地分离音乐中各个音符的音质(如音高、响度等)与旋律一样。在日常生活中,当手握住门把手时,我们不可能撇开对门把手的感觉来体会手指和手掌的压力。一般来说,感觉与知觉是统一的、不可分割的,只有在实验室特殊的控制条件下,才有可能分离各种感觉。

因此,我们用一个笼统、联合的词"感知觉"来描述人对材料的反应。我们更感兴趣的是实际的、直接的结果,即感知到了什么,而不用在意感知的过程和机制这个"黑箱"。我们关注的是人对材料所感知到的内容,我们可以将人对材料的感受加入到材料的属性中,通过体验息息相关的感知属性来定义这方面的内容。

Ashby 和 Johnson 是目前所知的第一次提出产品设计材料选择中感知属性重要性的学者,他们还定义了材料的另两个属性:技术功能性和产品个性。Ashby 在 2010 年重新定义了需求清单,添加了技术、经济、持久性(与环境因素有关)、美学、感知和意图等项目。还有一些研究涉及材料感知属性的内容,但并没有将这些属性纳入材料需求清单。Lindbeck 等(1995)将材料的这些特征命名为"不确定的材料特征",包括外观、气味、感觉和美学。他们强调这些特征是与消费者的情感反应直接相连的,并且容易受到市场策略的影响。Patton(1968)也提到,外观具有吸引力的塑料可以掩盖它们较差的尺寸稳定性。

(2)材料感知属性在设计中的应用

许多文献(Hodgson et al.,2004;Deng et al.,2007;Ljungberg et al.,2003;Zuo et al.,2001;Karana,2004;Lovatt et al.,1998;Sapuan,2001)中都强调了材料感知属性的意义,但只有少数学者在该领域内做了实验并尝试为设计师提供一种将感知属性与材料选择过程相连接的方法。确切地说,还没有一个材料选择资源能够将材料的感知属性与设计师的实际选择活动相结合,现有的资源对产品设计师而言并不充分。

不过,虽然材料感知属性的重要性和无形特征(如感动、联想和情感)越来越受到人们的重视,但现有的材料选择资源还是更多地将关注点放在了材料的技术属性上。如今,越来越多的设计与材料领域的学者正在探索材料的感知属性,并从设计师所关注的角度出发,定位设计师所需要和期望的特征属性(材料的感知属性与制造工艺见图 2.1)。

构成产品的材料究竟是怎样在产品的整个生命周期中完成它们的使命的?产品从被生产、运输、储藏、售卖、使用、抛弃到被回收,所有步骤都受到材料的影响。为了得到可靠的选择,也为了使产品具有更好的生命活力,设计师需要知道材料在整个生命周期的不同步骤中表现如何。但材料的技术参数均是在标准实验环境下测得的,环境里的温度、湿度和压力都是标准的,而实际生活中这些因素都会随着产品的生命周期而发生改变,从而影响材料的表现。材料参数数据表提供的只是基于标准实验的信息,是不充分

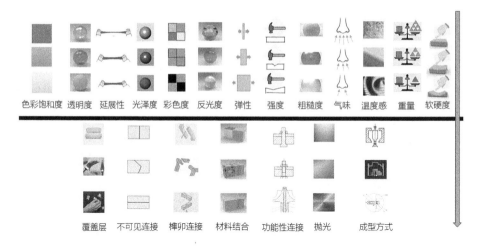

色彩饱和度　透明度　延展性　光泽度　彩色度　反光度　弹性　强度　粗糙度　气味　温度感　重量　软硬度

覆盖层　不可见连接　榫卯连接　材料结合　功能性连接　抛光　成型方式

图 2.1　材料的感知属性与制造工艺

的，设计师们很难从中捕捉到自己所需的信息并做出选择。预测材料在生命周期中如何表现，一部分由实验室计算完成，另一部分则需要设计师用自己以往项目的经验、材料测试和现有产品来应对。

为了探究设计师进行材料选择时寻找的是什么信息，笔者设计了一个访谈并邀请了 15 位设计师和 5 家材料企业参加（面对面或通过电子邮件）。访谈结果如表 2.1 所示。这里仅列出了超过 3 人（含 3 人）提到的方面，其中色彩和肌理被提到最多，可见设计师最需获得的信息均集中在感觉方面，其他如生产技术、供应商等方面也有被提及。

表 2.1　访谈结果

提及的方面	人次
色彩	10
肌理	9
厚度	5
生产技术	4
抗刮擦性	3
供应商	3
可以用于展示	3
可以从各个角度观察并触摸	3
易于储存	3

2.1.3　材料的审美属性

与针对材料技术属性的研究相比,关于材料的审美属性与美学选择,关于人与材料之间的感觉交互(如质感、色彩、气味、声音等),以及关于人对材料的认知(如意义、联想、价值)才刚刚起步。这些直接来源于感官的信息在材料选择过程中同样重要,因为大多数产品设计师在选择材料时更多的是基于直觉、灵感以及经验来做出决定的。较为系统的材料美学信息将有助于设计师在一个理性与感性相结合的平台上,在对消费者、制造商以及对环境和社会更负责的基础上,更合理地选择材料,从而丰富、增强产品的个性与价值(左恒峰,2010)。现有的信息工具中很少有关于审美属性(如外观、质地、颜色和表面处理)方面的信息(Ramalhete et al.,2010)。

"aesthetics"(美学)一词源于希腊语"aesthesis",最初的意义是"对感观的感受"。英语中"aesthesia"的意义仍然沿袭了这一释义,意为"知觉、感觉"。因此对材料审美属性的研究也可以理解为对材料感觉与知觉属性的研究。材料美学具有动态的、表现的审美特征,而质感是材料表现力的载体,其效果直接影响材料美感的表达与完善。色彩、纹理、结构、光泽和质地等质感都可以表现出材料的美感。李斌(2010)认为,材料美学具体来说就是质感设计,不同质感的材料会给人以不同的触觉、联想、心理感受和审美情趣。德国哲学家 Alexander Gottlieb Baumgarten 认为,美学即研究感觉与情感规律的学科,审美是感性认识的能力,这种感性认识能够理解、创造美。审美即以感官感知美或感受美,审美的着眼点不限于研究审美客体(对象),即艺术的和现实的美,而是着重研究审美主体的审美感受和审美活动的规律,研究主客体动态的审美关系(朱光潜,2010)。

质感有两个基本属性:①生理属性,即物体表面作用于人的触觉和视觉感觉系统的刺激性信息,如软硬、粗细、冷暖等;②心理属性,即材料传递给人的知觉系统的意义信息,也就是物体的材质类别,如价值、功能等。质感是体现材料个性和特征的表现形式之一,是材料美的表现。

(1)材料质感与审美属性

质感指的是材料的视觉与触觉效果给人的感觉与印象。质感可分为以下三类:①材料本身的组织性质,如木材、玻璃等;②触觉质感,即人通过触摸材料得到的心理感受,如粗与细、粗糙与光滑、硬与软等;③视觉感觉,即建立在视觉感官的基础之上的,通过材料表面的不同图案和纹样形成的视觉感受。在没有碰到真实物体时,人们也可以根据记忆和想象感受触摸的感觉。

Karana 等(2009)将材料的感觉属性分为硬度、光滑度、冷暖感、延展性、透明度、弹性、脆性和轻重感几个方面。孙凌云等(2009)将影响材质的意象因素归纳为凹凸感、平滑度、细密度、潮湿度、色彩、透明度和光泽度。杨启星(2007)将塑料的质感特征要素分为饱和度、粗糙度、纹理规则、透明度和反射率。左恒峰(2010)对水壶把手的心理粗糙度、温热度、光泽度、黏度、潮湿度进行比较,研究了它们与把手的舒适性、水壶的整体操作之间的关系,以及由此引起的情绪感觉和关联意义。李赐生(2010)认为,干湿感与冷暖感、粗滑感有很高的相关性:暖和光滑的材料有干燥感,而给人冷、粗的感觉的材料有潮湿感;玻璃、金属等给人以潮湿感,木材、纤维给人以干燥感;木材及木质人造板的触觉特性参数值给人的刺激是较适宜的,冷暖感偏温和,软硬感和粗滑感适中,因此人的感觉良好。张育铭等(2005)将硬度与粗糙度定义为材料的触觉物理属性,探讨了触觉感性与材料表面物理属性间的关联性,以消费者对产品材质表面的触觉心理感受意象为出发点,通过对材质表面物理属性的定义与测量,探讨触觉感官感受在不同感性意象下的评价与其关联性,构建不同触觉意象的材质表面物理属性的最适化线性推论模式。

通过以上文献研究,不难看出材料质感与材料审美属性(感知属性)之间的密切关系,也由此可以归纳出以下质感要素:色彩(饱和度)、光泽度(反光度、反射率)、粗糙度/感(凹凸感、光滑度、平滑度、黏度、粗滑度/感)、纹理(肌理、纹理规则)、硬度(软硬感)、脆性、细密度、冷暖感(温热感)、潮湿度/感(干湿感、干燥感)、重量感(轻重感)、延展性、透明度、弹性等等。

下面将对几个主要的质感要素做简要介绍。色彩的表征方法主要有两种(黄慧等,2009)。一种是国际照明委员会(International Commission on Illumination,CIE)提出的 $L^*a^*b^*$ 表色系,在该系中采用 X、Y、Z 三刺激值计算 L^*、a^*、b 值。其中,L^* 表示明度,a^* 表示红绿色品指数,b^* 表示黄蓝色品指数。另一种是孟塞尔表色系,采用三指标:色相(H)、明度(V)、饱和度(C)。光泽度是指用数字来表示材料表面接近镜面的程度。光泽度的评价可采用多种方法或仪器,主要取决于光源照明和观察的角度。粗糙感是指手和材料表面摩擦刺激后人的触觉。材料的粗糙度一般是由其表面上微小的凹凸程度所决定的(李赐生,2010)。在工程领域有许多对粗糙度的定义与描述,如 R_a、R_p、R_q、R_t、R_y、R_z、BAC(复合曲线)、Δa(特殊倾斜角)等等。一般比较常见的是 R_{max}(R_y)(最大高度粗糙度)、R_a(中心线平均粗糙度)、R_q(方均根粗糙度)、R_{tm}(R_z)(十点平均粗糙度)。纹理包含两个含义:一个是指材料表面呈现出的凹凸不平的沟纹,另一个是指材料表面的图案或花纹。纹理的另一种表述是肌理,是指物体表面的组织纹理结构,即各种高低不平、纵横交错、粗糙平滑的纹理变化。基于不同的材质、工艺手法,可以得到不同的肌理效果,创造出丰富的感受。硬度是最常用且最易测试的属性,但也是定义最不明确的属性。硬度意味着材料抵抗变形的能力。现在较为通用的硬度定义与分类包括:受静力或动力作用时产生残留变形的永久压痕抵抗者,谓之压痕硬度;对于冲击荷重的能量吸收程度,谓之反跳硬度;对于材质上刮(划)痕之抵抗,谓之刮痕硬度;对于磨损之抵抗,谓之磨损硬度;对于切削或钻削之抵抗,谓之切削硬度。这些都是硬度的描述且各自有不同的测量方法与仪器。软硬感与材料的抗压弹性模量有关,材料密度不同,其软硬程度也不同。温热度是用手触摸材料表面时皮肤温度变化刺激人的感觉器官造成的,由材料热传导率、皮肤与材料间的温度变化以及垂直于皮肤的热流量对人体感觉器官的刺激结果决定(李赐生,2010)。

(2)材料审美属性研究方法

从设计应用的角度来研究材料的感知觉的方法可以分为两大类:直接方法和间接方法。

(a)直接方法

直接方法是指通过实验、观察的方式采集人们感知材料的原始素材并进行分析,一般采用真实材料与真实产品的样品。人类感知材料的过程受到许多因素的影响,包括人群类别、感觉通道、背景条件等,在设计阶段,尤其是在探讨主观反应和材料物理参数之间的关联性时,就需要考虑这些影响因素。Zuo 等(2001)提出了一个材料感知觉各影响因素的模型框架(见图 2.2),归纳了五组影响参量,即材料类别、感觉性能、人群类别、环境背

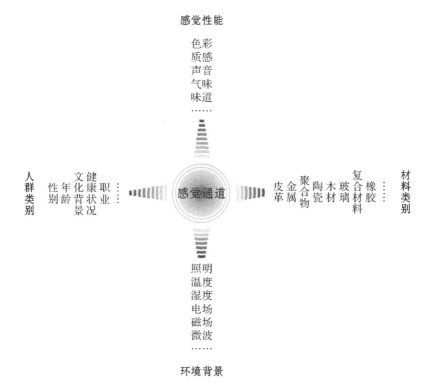

图 2.2　材料感知觉各影响因素的模型框架

景,以及处于中心地位的感觉通道。

(b)间接方法

间接方法包括两个方面:①理论推演或建模,如 Ashby 曾在测评材料的触觉软硬度(以区别于物理硬度)时提出过一个经验公式 $S = EH$,其中,S 表示通过触觉感受到的材料软硬度,E 表示材料的弹性模量,H 表示材料的物理硬度(Ashby et al.,2010);②采集材料感知相关的二手资料,如图书、杂志等。材料一般通过图片呈现,还包括以文字或多媒体形式记录的设计师或使用者对其在应用中的体会。

直接方法与间接方法的比较如表 2.2 所示。

表 2.2　直接方法与间接方法的比较

方法	优点	缺点	应用
直接方法	• 采用原始数据,结果更可靠 • 所有感官(视觉、触觉、听觉、嗅觉、味觉)都可研究 • 影响感知觉的变量可控	• 需要投入较多的人力、物力、财力 • 耗时多且难以找到理想的实验参加者 • 采集有特定涂层的不同材料样品的数据较难,尤其在心理物理学测试中	• 对于以感觉为基础或以知觉为基础的研究均适应
间接方法	• 容易采集数据 • 采集数据快捷 • 花费较少 • 理论推演提供良好的预测与猜想	• 多数情形仅靠视觉认知,而视觉判断有时具有欺骗性,或是扭曲的 • 不易控制变量 • 由于是二手材料,结果的可靠性较低	• 理论推演适用于以感觉为基础的研究 • 其他间接方法适用于以知觉为基础的研究

2.2　材料质感意象与感性工学

2.2.1　材料质感意象

目前对材料质感的研究主要针对材质意象展开探讨。

吕明泉(2002)将材料质感分为视觉性质感(visual texture)和触觉性质感(tactile texture)。视觉性质感是通过先期经验积累所衍生的一种视觉效果,当有了视觉经验后,即可直接通过视觉来感受材料质感。影响视觉性质感的因素,包括物体的透明性、光泽度(光线在材料表面的反射情况)、表面粒子的排列方向、排列形式、粒子间的间隔及粒子的分布密度等。触觉性质感是指经由肤觉(包含痛觉、压觉、冷觉、温觉)的体验所积累形成的触觉效果,材料表面粒子的锐利、软硬、形状、高低、粗细、排列物体质量的轻重以及物体表面的温度都会影响物体的触觉性质感。

陈采青(2000)认为,质感是决定材料表面的主要特征之一,是视觉艺术媒体之一,与形状、色彩同为造型的要素。除了物体本身的形态以外,肌理是操纵视觉心理最直接的一种因素,人们有时候并不需要依赖触觉,直接借由视觉就可以感觉到重量、温度以及干湿等物体表面性质；不同的肌理有不同的特殊象征，其象征意义会随着时空环境、个人感受情绪等因素而有截然不同的诠释。

林加雯(2012)尝试从视觉要素探讨材质的构成方式并归纳出以下结论。①材质和点：某些样式的材质是由点的聚集所构成的，所以其视觉效果多少有点的特性，因此点的疏密、大小、排列方式，决定了质感的性质。②材质与线条：线条能构成无数的材质，线条是艺术家或设计师最能表现风格的一种工具，线条的轨迹就如同艺术家画笔下的笔触，最能代表其情感、思想和热忱，故由线条所构成的质感肌理也强烈地表现出各类线条的情感。③材质和形状：材质可以辅助形态，传达造型所无法传递的信息，相同的造型配以不同的质感，其整体给人的印象将完全不同。④材质和明暗：材质和明暗是一体的，没有明暗，我们便看不到材质的视觉效果。⑤材质和颜色：自然材质有其特殊的色彩，设计师可以创造或模拟各种不同颜色的材质。⑥材质和空间：材质可以表现空间概念，细致紧密的材质说明了较接近的空间，模糊简略的材质则表示距离较远，这一效果可以产生有趣的错觉现象。

黄文能等(1998)选择了不同咬花处理的 20 个塑料样本，利用语意差异法以闽南语叠字形容词为主的 15 组形容词队进行测试，得出以下结论：①咬花表面处理的意象结构由"讨厌－喜欢"及"坚实－虚软"两个主要因素构成；②皮纹花倾向于"坚实"的意象，雾面咬花的"虚软"感受大于光面咬花；③咬花表面处理会令人联想到如听觉、触觉般的意象。

刘镇源(1999)尝试就质感语汇对造型与意象的影响进行探讨，在实验中设定质感的"原质色"特征性为主要分析要素，针对使用者在选择产品时的心理反应症候感性度，而对"产品造型""质感感度"及"产品意象"之间匹配度的关联性做实验性的研究。研究中选定咖啡杯具作为分析样本，依据对于造型与质感语汇影响产品意象的程度进行编码与定量化分析动作，并运用模糊评定方式来建立数据资料库；对于质感与造型的语汇性这两个变量间的相互影响关系，则采用感性工学模糊评价及方差分析与灰色系统理论进行一系列统计分析，最后将研究后的资料库予以整合，构建出一套咨询系统。

以上大多是台湾地区学者对材料质感的研究，受其影响，大陆学者的相关研究才起步不久。许佳颖(2006)以塑料为例,运用感性工学方法,将消费者对产品的材料感性认知因素量化,探求消费者对产品意象与塑料材料质感的对应关系,运用因子分析、集群分析和数量化Ⅰ类方法建立塑料材料质感法则。吴琅(2010)采用主成分分析法、意象尺度法和聚类分析法等统计学方法,构建保温杯的材质搭配与消费者感性意象之间的对应关系。苏珂(2012)基于模糊层次分析法,构建了产品材质与消费者感性意象之间的对应关系,运用语意差异法提取用户的意象,用多维等级分析法挑选认知样本,数量化Ⅰ类建立意象与语意映射,应用基因表达式编程建立了意象与材质的关系模型。杨启星(2007)采用反向传播神经网络(backpropagation neural network,即 BP 神经网络)构建消费者感性意象与产品材质之间的非线性关系模型。

2.2.2　感性工学

对于设计师来说,感性工学是一种可以将人们所期望的感性意象具象转化为设计要素的技术(Nagamachi,1995)。

(1)感性工学的定义与应用

"感性工学"(Kansei engineering)是日本马自达(Mazda)汽车公司的山本健一于 1986 年在世界汽车技术会议和美国汽车产业经营者研讨会的演讲以及在密歇根大学授课中提出的(皮永生,2005)。山本健一以汽车需对文化创造有所贡献为重点,展开乘车文化论,并提出运用感性工学的方法进行汽车乘坐感与内饰设计,使之符合乘坐者的需求和感性要求(张妍,2003)。此外,长町三生(Mituo Nagamachi)曾于 1970 年提出"情绪工学"一词,虽然其与"感性工学"名称不同,但本质相同。1988 年第十届世界人体工学会议将其统一定名为"感性工学",20 多年来相关的研究与成果发表遍布世界,甚获重视(陈莎,2012)。"感性"可以诠释为人对物所持有的感觉或意象,是对物的心理上的期待感受。

感性工学有以下四个主要探讨方向:①如何通过人因及心理的评估来掌握消费者对于产品的感觉;②如何通过消费者的感觉来找出产品的设计特征;③如何建立一套人因技术的感性工学;④如何根据社会变迁以及群众的偏好趋势来修正产品设计的方向。有学者将感性工学系统归纳为以下两种形式。①消费者决策辅助系统：消费者通过感性语汇的输入得到产品的设计方案，即正向式感性工学系统。②设计师决策辅助系统：设计师通过在电脑上绘制粗略的草图，让电脑来辨识其感性诉求，即逆向式感性工学系统。在陈国祥等（2004）对感性工学的概念定义中也可见到正向式感性工学系统与逆向式感性工学系统（见图 2.3）。

正向式感性工学系统

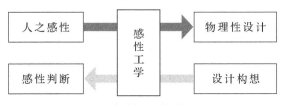

逆向式感性工学系统

图 2.3　感性工学之概念

目前感性工学的研究方法主要有两大类：①对于人的视觉、听觉、触觉、嗅觉、味觉这五感在生理上的"感觉量"测定，测量人们受到外界刺激后生理反应值的变化，并将这些数值转化为舒适性的值来进行推导；②测量人的内在感受，让被试接受不同程度的外界刺激，利用问卷让其陈述自己的感受［其中最典型的方法是语意差异（semantic differential，SD）法］，然后利用多元尺度法、图形理论（graph theory）将其构造化，或是用多变量分析、模糊推论（fuzzy reasoning）等统计解析技术，将人内在的感性信息转变成定量的数据。

目前设计领域的感性工学应用仍集中在对产品造型与色彩的意象研究上，对一些外形特征因素弱势的产品（如墙面装饰板、地板类产品等）而言，如何通过色彩、材质设计增加产品的差异性，提高对用户偏好意象的把握，这方面的研究还较少。感性工学的相关理论与方法是目前大多数材料质感意象研究的主要途径。目前有部分研究构建了用户对材质的认知模型。例如，简丽如（2002）和 Choi 等（2007）分析了用户的材料偏好与材质要素间的关系；Karana 等（2009）探讨了材料的不同含义与感觉属性、制造工艺之间的关系，Groissboeck 等（2010）应用遗传算法研究视觉质感和人体感知之间的关系。但以上研究多是基于主观心理量，而少有涉及材料的触觉和视觉客观物理量，由于材料认知的触感感知与视觉感知存在着一定差异（吕明泉,2002),因此如何综合考虑用户在产品体验过程中的主客观因素,构建相应的偏好意象认知模型,对于外形因素弱势产品而言有着重要的意义。

针对材料质感认知及其评价,相对于传统设计对产品材质的工程化选择,进一步研究用户对材质的偏好意象从而缩小设计师与用户对产品材料的认知差距(黄琦等,2003),将是本书的主要研究内容。

(2)复合感性工学

在心理意象上,视觉(眼)、听觉(耳)、触觉(皮肤)、味觉(舌)、嗅觉(鼻)、运动觉(肌肉骨骼等)等感知觉意象是经由不同的感官形成的(林加雯,2012),如图 2.4 所示。有研究指出,约有 97% 的人经由视觉产生意象,76% 的人经由触觉产生意象,听觉则占了 93%(李文渊等,1998)。可见除了视觉以外,触觉、听觉在心理意象感受上也是具有一定影响力的。消费者通过看、摸、听、闻等方式得出对产品的评价,因此,了解消费者怎样描述颜色、质感、声音和气味,能够使设计师与消费者之间有一致的交流语言。

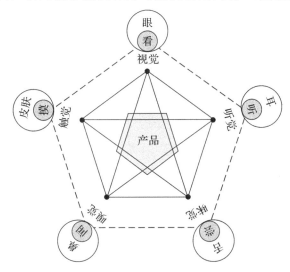

图 2.4　复合感性工学的感官通道

消费者对产品经由感官所感受到的心理意象,除了视觉之外,主要是触觉。产品会与使用者发生触觉关系,可称为触觉感受,而此触觉经验或印象提升了使用者对产品的意象。如果产品表面质感处理得不好或材料选择得不当,很可能会破坏产品给消费者的感觉。相关研究表明(徐江等,2007),

触觉、视觉、混合知觉（视觉触觉同步）之间有差异性存在，且混合知觉在被试者的感觉中是比较接近触觉的，因此产品材质的展现并不能完全靠视觉来传达。

在产品设计的过程中，在完成视觉感受的形态、色彩部分之后，如果因为属于触觉感官部分的材料物理属性选择不当，设计师或产品开发人员本欲塑造的感觉有所偏差及冲突，就会形成消费者对于产品的负面评价，进而影响消费意愿。

目前感性工学研究大部分都只涉及单一直觉感受，综合考虑各种知觉的感性研究并不多见。其中虽然有部分研究探讨两种知觉所产生的感性意象，但是仍旧以视觉为主，其他知觉为辅，并非以人类全面知觉经验作为考量的探讨研究。目前仅有文献（陈国祥等，2004）提出了一套名为"复合式感性导向之产品开发设计系统"的研究计划。针对材料质感的复合感性工学（multi-sensory Kansei engineering）研究因素包括如表 2.3 所示的内容。

表 2.3　针对材料质感的复合感性工学研究因素

感知觉	因素	程度	
触觉	压力	软硬度（软—硬）	
	力量	重量	延展性
		强度	弹性
	摩擦力	粗糙度（粗糙—光滑）	
	温度	温度感（温暖—凉爽）	
视觉	反光度	反光度（反光的—不反光的）	
		光泽度（光泽的—无光泽的）	
		透明度（透明—半透明—不透明）	
	色彩	饱和度（富有色彩的—无色的）	
		色彩浓度（强烈的—温和的）	
嗅觉	气味	气味（自然的—无气味的—芳香的）	

参考文献

陈采青，2000. 质感之象征意象在视觉传达设计创作之研究[D]. 台北：台湾师范大学.

陈国祥，李传房，游晓贞，等，2004. 复合式感性工学应用于产品开发之整合性研究[J]. 工业设计，2(32)：108-117.

陈莎，2012. 基于感性工学的陶瓷产品形态研究[D]. 景德镇：景德镇陶瓷学院.

黄慧，王玉，程丽美，2009. 木材表面视觉物理量与感觉特性[J]. 江西林业科技(6)：20-22.

黄琦，孙守迁，陆亮，等，2003. 基于特征匹配的产品风格认知方法[J]. 中国机械工程，14(21)：42-44.

简丽如，2002. 产品之材料意象在感觉认知之研究——以桌灯为例[D]. 台中：东海大学.

李斌，2010. 艺术设计中的材料美学[J]. 文艺争鸣(10)：135-138.

李赐生，2010. 论木家具材料设计表情特征[J]. 中南林业科技大学学报(社会科学版)，4(6)：106-109.

李文渊，廖启助，张枝坤，1998. 木材材质意象之基础研究[C]// 第三届设计学术研究成果研讨会.

林加雯，2012. 材质质感之视觉意象类型与构成基础初探[C]// 第三届设计学术研究成果研讨会.

刘镇源，1999. 产品造型与质感对产品意象的影响研究[D]. 台南：成功大学.

吕明泉，2002. 触觉与视觉对意象差异研究——以塑胶材质咬花为例[D]. 台南：成功大学.

皮永生，2005. 消费产品色彩设计研究[D]. 无锡：江南大学.

苏建宁，李鹤岐，2004. 基于感性意象的产品造型设计方法研究[J]. 机械工程学报，40(4)：164-167.

苏建宁，李鹤岐，2005. 工业设计中材料的感觉特性研究[J]. 机械设计与研究，21(3)：12-14.

苏珂，2012. 基于 GEP 的产品材质意象决策方法研究[D]. 杭州：浙江大学.

孙凌云，孙守迁，许佳颖，2009. 产品材料质感意象模型的建立及其应用[J]. 浙江大学学报(工学版)，43(2)：283-289.

王凯，2004. 产品造型风格意象认知的研究[D]. 杭州：浙江大学.

吴瑕，2010. 基于消费者视觉感性意象的产品材质搭配设计研究[D]. 杭州：浙江工业大学.

徐江，孙守迁，张克俊，2007. 基于遗传算法的产品意象造型优化设计[J]. 机械工程学报，43(4)：53-58.

许佳颖，2006. 产品典型塑料材质意象空间研究[D]. 杭州：浙江大学.

杨启星，2007. 感性意象约束的材料质感设计研究[D]. 南京：南京航空航天大学.

张妍，2003. 基于语义空间的计算机辅助色彩设计研究[D]. 西安：西北工业大学.

张育铭，陈鸿源，林可欣，等，2005. 材质表面属性与振动属性对触觉感性意象影响之探讨[J]. 设计学报，10(1)：73-87.

朱光潜，2010. 西方美学史（上）[M]. 北京：金城出版社.

左恒峰，2010. 设计中的材料感知觉[J]. 武汉理工大学学报(1)：1-7.

Ashby M F, Johnson K, 2010. Materials and Design: The Art and Science of Material Selection in Product Design[M]. Oxford: Butterworth-Heinemann.

Ashby M, Johnson K, 2003. The art of materials selection[J]. Materials Today，6(12)：24-35.

Budinski K G, Budinski M K, 2009. Engineering materials[J]. Nature，25：28.

Choi K, Jun C, 2007. A systematic approach to the Kansei factors of tactile sense regarding the surface roughness[J]. Applied Ergonomics，38(1)：53-63.

Deng Y M, Edwards K L, 2007. The role of materials identification and selection in engineering design[J]. Materials & Design，28(1)：131-139.

Forester T, 1988. The Materials Revolution: Superconductors, New Materials, and the Japanese Challenge[M]. Cambridge: MIT Press.

Groissboeck W, Lughofer E, Thumfart S, 2010. Associating visual textures with human perceptions using genetic algorithms[J]. Information Sciences，180(11)：2065-2084.

Hodgson S, Harper J F, 2004. Effective use of materials in the design process—more than a selection problem[C]// Proceedings of the 2nd International Engineering and Product Design Education Conference.

Karana E, 2004. The meaning of the material: A survey on the role of material in user's aluation of a design object[C]// 4th International Conference on Design and Emotion, Ankara, Turkey.

Karana E, 2006. Intangible characteristics of materials in industrial design[C]// The International Conference on Design and Emotion.

Karana E, Hekkert P, Kandachar P, 2009. Meanings of materials through sensorial properties and manufacturing processes[J]. Materials & Design，30(7)：2778-2784.

Lindbeck J R, Wygant R M, 1995. Product Design and Manufacture[M]. New Jersey: Prentice Hall Englewood Cliffs.

Ljungberg L Y, Edwards K L, 2003. Design, materials selection and marketing of successful products[J]. Materials & Design, 24(7): 519-529.

Lovatt A M, Shercliff H R, 1998. Manufacturing process selection in engineering design. Part 1: the role of process selection[J]. Materials & Design, 19(5): 205-215.

Mangonon P L, 1999. The Principles of Materials Selection for Engineering Design[M]. Prentice Hall.

Nagamachi M, 1995. Kansei Engineering: A new ergonomic consumer-oriented technology for product development[J]. International Journal of Industrial Ergonomics,15(1): 3-11.

Patton W J, 1968. Materials in Industry[M]. New Jersey: Prentice-Hall Inc.

Petiot J, Yannou B, 2004. Measuring consumer perceptions for a better comprehension, specification and assessment of product semantics[J]. International Journal of Industrial Ergonomics, 33(6): 507-525.

Ramalhete P S, Senos A M R, Aguiar C, 2010. Digital tools for material selection in product design[J]. Materials & Design, 31(5): 2275-2287.

Sapuan S M, 2001. A knowledge-based system for materials selection in mechanical engineering design[J]. Materials & Design, 22(8): 687-695.

van Kesteren I E H, 2008. Product designers' information needs in materials selection[J]. Materials & Design, 29(1): 133-145.

Zuo H, Hope T, Castle P, et al., 2001. An investigation into the sensory properties of materials[C]// Proceedings of the International Conference on Affective Human Factors Design, London.

第 3 章　消费者购买偏好意象研究

3.1　感性时代下的消费者购买趋势

随着社会的不断进步和科技日新月异的发展,人们的生活形态已经从追求温饱的基础生活演变为追求舒适的个性化生活。消费观念不断得到更替,消费者对产品的需求已不仅仅停留在功能层面,且对不同产品也有着不同的购买偏好意象(吴瑕,2010)。对于一些功能、技术已经比较成熟的产品而言,消费者购买的主要原因已不再是功能,而是要求产品能够更好地满足自己精神和心理层面的需求。消费者通过购买能彰显出自身的价值观念、兴趣爱好、行为习惯、社会地位等。产品消费需求的主观性、多重性和情绪性使现代社会消费从"功能时代"进入了"感性时代"。

著名市场营销学家菲利普·科特勒(Philip Kotler)把人们的消费行为大致分为三个阶段:第一阶段是量的消费,其中会出现商品短缺现象,使得人们开始追求产品的数量;第二阶段是质的消费,这一阶段商品的数量极为丰富,人们开始追求理想产品中层次较高、质量也较高的商品;第三阶段是感性消费(也有人称之为情怀消费),在最后的阶段,随着工业的不断进步和产品同质化,同种商品在不同品牌之间很难在功能、质量方面分出上下高低(科特勒,2004)。

在感性消费阶段,简单的商品数量或质量已不再是消费者关注的重中之重,他们所关注的重点是能体现出与自己身份或个性相符合的产品。消费者要求购买和使用的商品既能满足自己的使用价值,又能与自己的心理需求产生共鸣。当其找到能满足自己某些心理需求或完美表现自己形象的产品时,它在消费者心目中的价值可能远远超出商品本身。

在这个感性时代中,消费需求呈现出层次化、多重化和复杂化的特点,正如日本著名的营销专家小村敏峰指出的那样,"在这个时代中,如果我们不从感性的角度来观察分析,市场根本就无从理解"(袁波,2004)。

3.2　消费者购买偏好意象研究

为了明确消费者购买不同产品时的偏好意象,从感性工学的角度来解读产品,笔者以目前国内市场销售的各类产品为研究对象,针对消费者对各类产品购买时的偏好意象与产品集群之间的认知状况进行实验,将消费者对产品购买偏好意象的认知状况量化为数性结构,通过多元统计的方法,最终获得不同集群的产品在用户购买偏好意象上表现出的不同属性。实验流程的基本架构如图 3.1 所示。

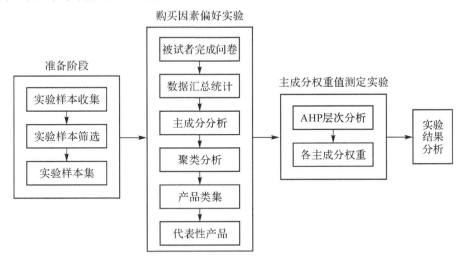

图 3.1　实验流程框架

3.2.1 购买因素偏好意象实验

(1)样本选取

在参考了国内几大网上商城(包括亚马逊、天猫、淘宝、京东、当当网等)的商品目录分类设置后,分别在各类目下选取了1~2个产品,截取产品图片后汇总制成产品库。邀请了3名具有10年以上设计工作经验的资深产品设计师,通过讨论,从库中去除专业性过强的产品,尽量保留普通消费者日常均能接触、使用到的产品,最终得到50个产品作为实验样本,并对样本图片进行了编号(见图3.2)。筛选时已综合考虑了各产品的销售情况与消费者评价情况等信息。

(2)实验内容

根据文献(潘煜等,2009;左洪亮,2005;郭伏等,2011;洪波,2006;陈慧卿,2006;李东进等,2009)的研究成果,选择了材料、色彩、造型、体验、功能、价格、品牌、安全、服务和质量这十个消费者购买行为中的主要因素,通过问卷的形式(见图3.3)对50个产品样本对应的各因素变量进行数据统计。问卷选项采用李克特量表法进行设定,由一组对各变量的陈述组成,每一陈述有"非常重要""重要""不一定""比较重要""非常不重要"五个选项,其分值分别记为5、4、3、2、1分。

实验时,工作人员在大屏幕上逐个投影50个产品样本的图片并给出对应的编号,每个产品样本的展示时间为30秒。30名被试者均为浙江理工大学在校师生,其中男性14名,女性16名,年龄在20到33岁之间,月平均消费750元。被试者边观看图片边完成问卷,凭借个人主观理解与判断为每一个产品样本的十个购买因素评分。例如,若在购买吸尘器时认为"功能"因素"非常重要",就在对应的空格内打钩;若在购买餐桌时认为"材料"因素"比较重要",就在对应的空格内打钩。要求被试者独自完成问卷,不能相互讨论。实验结束后,汇总评分数据,取平均值,统计结果如附录表A7所示。

(3)实验结果分析

对统计数据进行主成分分析,计算各变量的相关系数矩阵,然后计算相关矩阵的特征值,以及各主成分的贡献率和累计贡献率,结果如表3.1所示。

图 3.2　50 个产品样本集

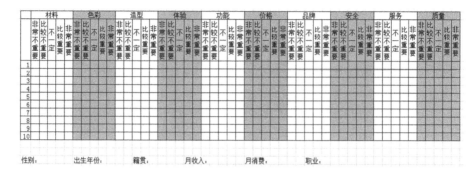

图 3.3　问卷示例

表 3.1　解释的总方差

成分	初始特征值			提取平方和载入		
	合计	方差 贡献率/%	累积 贡献率/%	合计	方差 贡献率/%	累积 贡献率/%
1	4.345	43.448	43.448	4.345	43.448	43.448
2	1.842	18.416	61.864	1.842	18.416	61.864
3	1.494	14.943	76.807	1.494	14.943	76.807
4	0.786	7.862	84.670			
5	0.456	4.557	89.227			
6	0.335	3.347	92.574			
7	0.317	3.165	95.740			
8	0.188	1.884	97.624			
9	0.159	1.588	99.212			
10	0.079	0.788	100.000			

　　表 3.1 的各个主成分的贡献率和特征值是经过主成分分析计算所得的。各个主成分的重要程度由方差贡献率的大小表现出来,方差贡献率较大,说明该成分可以解释较多的原始变量数据。在统计学中普遍认为,若主成分的累积贡献率达到 75% 以上,原来多个指标的绝大部分信息即可用少数几个主成分代表。由表 3.1 可见,第一主成分的贡献率为 43.448%,第二主成分的贡献率为 18.416%,第三主成分的贡献率为 14.943%,前三个主成分的累计贡献率为 76.807%,也就是说前三个抽取的因素能解释总变

异量的 76.807%,所以选取前三个主成分已能够满足实验结果的数据需要。这三个主成分的成分矩阵如表 3.2 所示。

表 3.2　成分矩阵

变量	成分		
	1	2	3
材料	0.160	0.886	0.092
色彩	−0.168	0.651	0.589
造型	0.226	−0.319	0.774
体验	0.758	0.094	0.380
功能	0.710	−0.580	0.038
价格	0.883	−0.012	0.130
品牌	0.911	0.054	−0.035
安全	0.608	0.125	−0.441
服务	0.929	0.037	0.019
质量	0.563	0.412	−0.422

由表 3.2 可见,第一主成分中的变量按权重值从大到小排列,服务、品牌、价格、体验、功能、安全所占的权重值分别是 0.929,0.911,0.883,0.758,0.710,比较其他两个主成分中这六个变量所占的权重值,最后确定第一主成分主要和服务、品牌、价格、体验、安全相关。第二主成分中,材料和色彩所占的权重值分别是 0.886 和 0.651,可定义第二主成分为材料、色彩。第三主成分中造型所占的权重值最高,为 0.774,其他变量除色彩外所占的权重值都小于 0.5,因此第三主成分可以定义为造型。根据主成分载荷计算各样本在各个主成分上的得分,得到的结果如附录表 A8 所示。

对各样本的主成分分值采用快速聚类法进行聚类分析,根据各个分值距离聚类中心的远近对各个样本进行分类处理,方差分析结果如表 3.3 所示。三个主成分的相关统计值分别为:第一主成分 $F=33.233,P<0.001$;第二主成分 $F=20.452,P<0.001$;第三主成分 $F=5.400,P>0.001$。各主成分 P 值都在 0.05 以下,显著性效果明显。通过对聚类数的设定,将具有相关性的样本分为三大类,并且统计出每类中的成员数:第一类中有 27

个样本;第二类中有 4 个样本;第三类中有 19 个样本。可利用样本共 50 个,最后的缺失值为 0,表示在本次聚类过程中各样本都具有研究价值。各类中的样本以及各个样本离中心点的距离如附录表 A9 所示。

表 3.3　方差分析

主成分	聚类		误差		F	显著性
	均方	自由度	均方	自由度		
第一主成分	14.352	2	0.432	47	33.233	0.000
第二主成分	11.400	2	0.557	47	20.452	0.000
第三主成分	4.578	2	0.848	47	5.400	0.008

第一类产品(见图 3.4)包括笔记本电脑、相机、手机等;第二类产品(见图 3.5)包括靠垫、床上用品、地板等;第三类产品(见图 3.6)包括手电筒、电风扇、电熨斗、台灯等。

图 3.4　第一类产品

图 3.5 第二类产品

图 3.6 第三类产品

3.2.2 主成分权重值测定

层次分析法(analytic hierarchy process,AHP)是 20 世纪 70 年代美国学者托马斯·萨蒂(Thomas L. Saaty)提出的一种多目标评价决策方法。以这种分析方法模拟人的思维方式,将复杂决策问题分解为多个目标,并将其通过数学化的方式表达出来,从而用量化的方法来解决决策问题(孙铭忆,2014)。这种分析方法比较适用于很难对目标值进行定量分析的评价系统,很适合用于分析消费者的购买偏好意象。

根据产品样本聚类分析的结果,从每一类中选出距离中心点最近的 1～4 个样本(见图 3.7～3.11)作为层次分析法第二层要素方案层;将三个主成分作为层次分析法的第三层备选方案层;选取被试者进行实验,最终得出各类产品中各主成分的权重值。在 20 名被试者中,10 名具有设计相关背景,10 名无设计相关背景,10 名为男性,10 名为女性。要求被试者完全根据个人主观判断,按照层次分析法的步骤填写数据(见图 3.7)。按照 1~9标度法(见图 3.8)输入数据并进行计算,最后对得出的每组权重值进行均值处理,得到准则层各要素的权重。

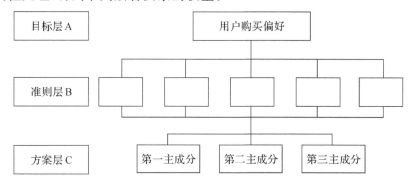

图 3.7 用户购买偏好影响要素结构

A	标度	赋值含义
	9	绝对重要/有优势
	7	十分重要/有优势
	5	比较重要/有优势
	3	稍微重要/有优势
	1	同样重要
	1/3	稍微重要/有优势
	1/5	比较重要/有优势
	1/7	十分重要/有优势
	1/9	绝对重要/有优势
B	其中2、4、6、8、1/2、1/4、1/6、1/8等价于相邻状况的标度值之间	

图 3.8 1~9标度法

由于层次分析法是主观判断与客观计算的结合,因此必然存在前期的调查样本有些许差异导致计算结果偏差的可能性。考虑到不同层次的被试者对测试结果的影响,选择具有设计背景和不具有设计背景的两类人群进行测试,并对每个测试结果统计均值,尽可能地减少被试者差异带来的干扰因素,得到理想的实验效果。

22豆浆机.jpg　　24吉他.jpg　　43微波炉.jpg　　44吸尘器.jpg

图 3.9　第一类产品代表性样本

14地板.jpg

图 3.10　第二类产品代表性样本

11餐桌.jpg　　15电脑架.jpg　　34收纳柜.jpg　　40鞋架.jpg

图 3.11　第三类产品代表性样本

第一、二、三类产品各主成分权重值如表 3.4～3.6 所示。在表 3.4 中，材料和色彩在第一类产品中的权重值为 0.1344，造型的权重值为 0.3196，价格、服务、品牌等的权重值为 0.5460。按照权重值的大小，可以认为消费者在购买第一类产品时首先会关注到产品的价格、服务、品牌、体验和功能，且这些因素在消费者购买决策中起着重要的作用，接下来消费者关注的是产品的造型，而对产品的材料和色彩不太关注。在表 3.5 中，材料和色彩在第二类产品中的权重值为 0.6822，造型的权重值为 0.1189，价格、服务、品牌、体验、功能等的权重值为 0.1989。所以可认为消费者在购买此类产品时主要关注产品的材料和色彩，而对造型、价格、服务、品牌等关注得比较少。在表 3.6 中，材料和色彩在第三类产品中的权重值为 0.3062，造型的权重值为 0.5518，价格、服务、品牌、体验、功能的权重值为 0.1419。这说明消费者在购买此类产品时更关注产品的造型，其次是产品的材料和色彩，最后才会关注到产品的价格、服务等因素。

表 3.4　第一类产品各主成分权重值

备选方案	权重
材料和色彩	0.1344
造型	0.3196
价格、服务、品牌、体验、功能	0.5460

表 3.5　第二类产品主成分权重值

备选方案	权重
材料和色彩	0.6822
造型	0.1189
价格、服务、品牌、体验、功能	0.1989

表 3.6　第三类产品各主成分权重值

备选方案	权重
材料和色彩	0.3062
造型	0.5518
价格、服务、品牌、体验、功能	0.1419

3.2.3　结果与讨论

综合以上结果,可将影响消费者购买偏好意象的因素分为以下三类。

(1)服务、品牌、价格、体验、安全。消费者在购买此类产品时比较偏重于产品的服务、品牌和价格,同时也会关注到产品的体验、功能和安全,但对于产品的材料、色彩和造型关注度不高。此类产品具体包括笔记本电脑、相机、手机等一些与功能、体验紧密相关的产品。

(2)材料和色彩。消费者在购买此类产品时非常注重产品的色彩和使用的材料,很少关注品牌、价格、体验、服务因素。此类产品具体包括靠垫、床上用品和地板等功能形态均较弱势的产品。

(3)造型。消费者在购买此类产品时较注重产品的形态,只要造型符合消费者的审美,其他包括服务、品牌、功能、材料在内的因素均不起到关键作用。此类产品具体包括手电筒、电风扇、电熨斗、台灯等一些功能成熟且形态变化多样的产品。

由于时间和条件的限制,本章的研究还有一些不足之处和后续需要改进的地方:①产品样本选取的主要是普通消费者都熟悉的产品,而专业性比较强的产品则需要针对特定的用户群体开展研究,目前尚不能依据此次研究结果对专业型产品下相似结论;②由于产品的隔代作用,不同的产品在不同的时代所表现的购买属性也不尽相同,因此尚不能以此次研究结果来审视其他年代的产品,而且目前还只针对产品自身属性和用户感性认知来进行研究,但对于产品其他方面的属性(如地域文化、历史背景和用户理性认知)还未有考虑,这一点可在今后的研究中继续;③由于人力、时间及经费因素的限制,本章研究的被试者仅选取了 20~33 岁的青年消费族群,且以设计师和在校大学生为主,在后续的研究中还应进一步扩大消费者研究范围,使数据更具有统计意义。

参考文献

陈慧卿,2006. 消费者购买行为分析[J]. 商业经济(1):96-98.

郭伏,田甜,李森,等,2011. 基于用户感性意象的产品配色研究[J]. 工业工程与管理,16(6):89-93.

洪波,2006. 我国消费者购买行为决策模型分析[J]. 云南财贸学院学报(社会科学版),21(5):43-45.

科特勒,2004. 营销管理[M]. 上海:上海人民出版社.

李东进,吴波,武瑞娟,2009. 中国消费者购买意向模型——对 Fishbein 合理行为模型的修正[J]. 管理世界(1):121-129.

潘煜,高丽,王方华,2009. 生活方式、顾客感知价值对中国消费者购买行为影响[J]. 系统管理学报,18(6):601-607.

孙铭忆,2014. 层次分析法(AHP)与网络层次分析法(ANP)的比较[J]. 中外企业家(10):67-68.

吴瑕,2010. 基于消费者视觉感性意象的产品材质搭配设计研究[D]. 杭州:浙江工业大学.

袁波,2004. 试论感性营销[J]. 经济论坛(19):68-70.

左洪亮,2005. 对影响消费者购买行为的心理因素的研究[J]. 商业研究(10):98-100.

Lévy P，Lee S，Yamanaka T，2007. On Kansei and Kansei Design：a description of a Japanese design approach[C]// International Association of Societies of Design Research Conference.

Lokman A M，2010. Design & emotion：the Kansei Engineering methodology［J］. Malaysian Journal of Computing，1(1)：1-11.

第4章 材料质感偏好意象认知实验与数据分析

4.1 实验对象与样本选取

4.1.1 实验对象选取

根据前文内容,可将消费者在购买商品时对产品属性的偏好意象分为以下三个类型:①第一类主要关注产品的价格、服务、品牌、体验和功能(代表产品有手机、空调、照相机等),用户在购买时首先会关注到产品的价格和服务,其次会关注到品牌、体验和功能;②第二类主要关注产品的材料和色彩(代表产品有地板、被套、餐具等),此类产品主要以视、触觉体验为主,用户在购买时着重考虑的是产品的材质和色彩,不同的材质和色彩会影响到该类产品的销售状况;③第三类主要关注产品的造型(代表产品有加湿器、台灯、水杯、吹风机等),此类产品所使用的技术往往已趋于成熟,因此,好的造型能够引起消费者的关注,给消费者留下深刻的印象。

对于第二类产品来说,色彩、材质对影响消费者偏好意象与满意度起到关键作用,因此研究如何通过色彩、材质设计来增加产品的差异性,满足用户的偏好意象,是具有实际意义的。在此类产品中,选择地板作为代表性产品展开进一步的研究,因其具有使用范围广、花色品种多的特点,且不易受到形态因素的影响。在综合考虑了多方面因素后,确定将浸渍纸层压木质地板作为实验和研究的对象。

浸渍纸层压木质地板俗称强化地板，一般铺装在室内地面，属于典型的外形特征因素弱势的产品。GB/T 18102-2007《浸渍纸层压木质地板》定义，浸渍纸层压木质地板是以一层或多层专用纸浸渍固性氨基树脂，铺装在刨花板或高密度纤维板等人造板基材表面，背面加平衡层、正面加耐磨层，经热压、成型的地板，属于人造板的一种。因其耐磨、款式丰富、易护理安装和性价比较高，这种地板正越来越受到消费者的认可。浸渍纸层压木质地板主要由耐磨层、装饰层、高密度基材层和平衡（防潮）层组成（见图4.1）。

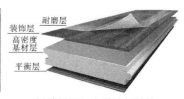

(a) 强化地板样品　　　　(b) 强化地板展示厅　　　　(c) 浸渍纸层压木质地板结构

图 4.1　浸渍纸层压木质地板结构

耐磨层是含有耐磨颗粒（主要成分为 Al_2O_3）的纸（粗纤维），其浸渍改性三聚氰胺树脂后与第二层结合，厚度为 0.2～0.8mm（陆赵情等，2003）。Al_2O_3 的含量和薄膜的厚度决定了耐磨转数，Al_2O_3 含量约为 30g/m² 的耐磨转数约为 4000 转，含量约为 38g/m² 的耐磨转数约为 5000 转，含量约为 44g/m² 的耐磨转数约为 9000 转，含量和薄膜的厚度越大，转数越高，也就越耐磨（李竞克等，2009）。

装饰层由装饰纸浸渍三聚氰胺树脂制成，一般定量为 80g/m² 和 70g/m²。装饰纸一般是用电脑仿真制作的印刷纸，用滚筒印花可显示出各种名贵实木的纹理和质感，花纹丰富，视觉效果多种多样，可以满足消费者的不同喜好（徐明等，2011）。除了模仿各类天然木材之外，也可以在天然木材质感的基础上进行开发设计，创造出自然界所没有的独特质感，也可以模仿金属、石材、混凝土等其他材质。

高密度基材层主要以高密度纤维板和刨花板为基材，是强化地板的主体部分，它的性能与强化地板的理化性能（包括尺寸稳定性、耐压、耐冲击、内结合强度、吸水厚度膨胀率、静曲强度等）有关。高密度纤维板具有许多原木材所不具有的优点，如结构细密均一、颗粒分布平均等（李竞克等，2009）。

平衡（防潮）层覆在基材的背面，一般采用一定强度和厚度的浸渍胶膜纸制成，主要起防潮、稳定尺寸和增加平整度的作用（徐明等，2011）。

4.1.2　实验样本选取

本章的实验对华东地区浸渍纸层压木质地板年销量达到 100000m² 以上的某品牌进行取样。最终选取了 126 个实验样本，并统一处理成长 80mm、宽 80mm、厚 8mm 的形状、大小、厚度均相同的样本（见图 4.2）。将 126 个实验样本随机编号，置于白色背景下，样本中不出现产品名称，以排除样本所携带的产品信息对被试者主观偏好意象的影响。

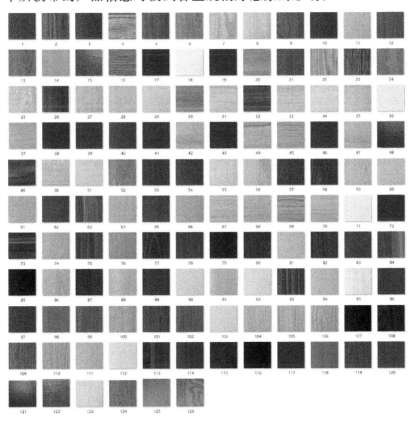

图 4.2　126 个实验样本

4.2　客观物理量获取实验

4.2.1　质感要素选择

考虑到浸渍纸层压木质地板一般是模仿天然木材或是在天然木材的基础上进行开发设计的,因此有必要先了解一下木材的材料质感组成。对于天然木材而言,黄慧等(2009)指出其表面视觉物理量由木材颜色参数、光泽度参数、纹理等与人类视觉相关并可定量测量表征的物理量组成,与视觉心理量有密切关系。李赐生(2010)提出,木家具材料体现的表情包括视觉表情和触觉表情,视觉表情包括色彩、形态和肌理;触觉表情包括冷暖感、粗滑感、软硬感、干湿感、轻重感、快与不快感等。其中,木材颜色的明度、色调、纯度及其纹理、树节等视觉物理量与自然、美丽、豪华、温暖、明亮、轻重等心理量之间均具有相关性。

木材的视觉轻重感与其明度紧密相关,而局部区域的明度对比值是影响视觉粗滑感的重要因子。材料肌理表情是指材料表面诉诸视觉或触觉的组织构造,包括材质、纹理等,它是客观存在的材料表面形式,代表材料表面质感,体现材料属性形态(李赐生,2010)。肌理可分为视觉肌理和触觉肌理;视觉肌理是通过材料表面的不同图案纹样、不同的题材风格和不同的表现形式所形成的视觉感受(钱珏,2006)。木材表面的粗滑感是由其导管直径大小、年轮宽度以及表面粗糙度等因素决定的,而影响木材表面粗糙度的主要因素有树种、加工方法、切面和木材的表面组织构造。木材经过刨切、砂磨等加工后,裸露在切面上的细胞组织的构造与排列不同,因此粗糙度也不同。刨削、研磨、涂饰等表面加工效果的好坏在很大程度上影响了木材表面的粗滑感程度(李赐生,2010)。黄慧等(2009)指出,木材的光泽度指的是光线反射到木材纵切面上的光亮度,是木材特殊的双层发射特性作用的结果。光泽度的强弱在一定程度上影响人们对木材粗滑感和软硬程度的判断:光泽强的木材给人以光滑、舒展的感觉,光泽弱的木材给人以粗糙、冷硬的感觉。木材构造中早晚材变化在纹理中表现出浓度反差,因纹理的连续性,这些浓度反差构成"起伏"(也叫"涨落")。涨落的频谱密度与频率之间形成的关系用曲线形式表现出来,称为"涨落谱"。根据日本学者武者利光的研究,木材径切面和弦切面纹理的涨落谱呈 $1/f$ 型,与人体心脏跳动涨落呈现的分布形式相吻合。因此当人们感觉到具有 $1/f$ 型涨落的形质图时,便会有"自然"的感觉,会感到心神安静,有美的享受(赵广杰,1997)。木材纹理普遍能给人以自然、舒畅、起伏、运动、生命的感觉(黄慧等,2009)。除此之外,目前对于木材纹理与感觉特性的相关性的研究(李赐生,2010)仍处于主观描述阶段。目前仅有增田捻做了木材纹理模样的数量化研究;于海鹏等(2007)基于灰度共生矩阵模型,采用数字图像处理技术,初步实现了对木材纹理强弱参数、疏密参数、粗细参数和纹理间距等的定量测量。

基于以上文献研究,结合研究的具体对象,综合考虑视觉性质感和触觉性质感,本章的实验选择了对应于浸渍纸层压木质地板表面材质的六个质感要素:光泽度(X_1)、色相(X_2),明度(X_3)、饱和度(X_4)、粗糙度(X_5)和纹理(X_6)。其中 X_1,X_2,X_3,X_4 和 X_6 属于视觉性质感,X_5 属于触觉性质感。X_1^* 表示通过光泽度仪测得的物理量,X_5^* 表示通过粗糙度仪测得的物理量。通过客观实验获得色相、明度、饱和度与光泽度物理量、粗糙度物理量,通过主观实验获得光泽度视觉心理量、纹理视觉心理量以及粗糙度触觉心理量。实验流程如图 4.3 所示。

4.2.2　色彩测量实验

在色彩测量实验中,采用美国 Datacolor Spectraflash SF600X 测色光谱仪对 126 个实验样本的表面进行多点多次(取 5 点,每点 2 次)测量,取平均值作为最终测量值。

经实验测量,得到的参数是 $L^*a^*b^*$ 表色系参数:L^*、a^*、b^*,将 $L^*a^*b^*$ 色度参数值向孟塞尔色空间进行转换,可得到孟塞尔表色系参数:色相 H、明度 V 和饱和度 C。实验获得 126 个实验样本的色彩测量值与色彩计算值,详细数据见附录表 A10 ～ A11。

实验结果显示,在 $L^*a^*b^*$ 色空间中,各样本的 L^* 值在 24.38 ～ 92.15 范围内变化;红绿轴色品指数 a^* 值在 -0.91 ～ 23.20 范围内变化;黄蓝轴色品指数 b^* 值在 0.05 ～ 40.11 范围内变化;色调角 θ 在 -0.21 ～ 1.49 范

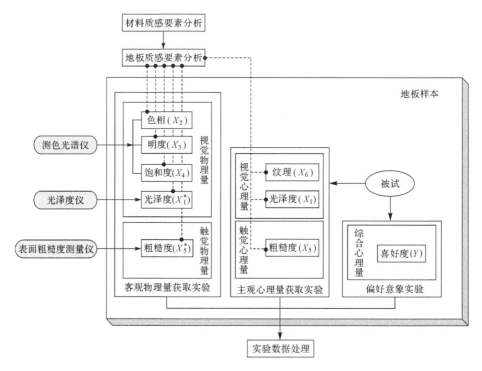

图 4.3　实验流程

围内变化；色饱和度指数 C^* 值在 $0.18 \sim 40.15$ 范围内变化。在孟塞尔色空间中，各样本的明度 V 值为 $1.28 \sim 5.93$，表现出明显的中性色调，V 值的大小顺序同 L^* 值一致；色调 H 值为 $-4.7 \sim 26.02$，有 2 个样本分布在 R 区间，23 个分布在 YR 区间，80 个分布在 Y 区间，21 个分布在 GY 区间；C 值为 $-0.34 \sim 17.74$，表现出明显的暖色调特征，与 a^*、b^* 值成正相关。

4.2.3　光泽度测量

在光泽度测量实验中，采用天津科器高新技术公司的 KGZ-IC 智能化光泽度仪对 126 个实验样本进行表面光泽度测定。

采用 45°测量角度，光源入射方向选择了平行于纹理和垂直于纹理两个方向。测量方式采用多点多次测量（即每个样本表面随机取 3 点，每点平行于纹理和垂直于纹理各测量 1 次），取平均值作为最终测量值，详细数据可见附录表 A12。

4.2.4　粗糙度测量

在粗糙度测量实验中,采用时代 TR100/TR101 袖珍式表面粗糙度测量仪对 126 个实验样本进行表面粗糙度测定。其工作原理是:当传感器在驱动器的驱动下沿被测表面做匀速直线运动时,其垂直于工作表面的触针,随工作表面的微观起伏作上下运动,触针的运动被转换为电信号,将该信号进行放大,滤波,经 A/D 转换为数字信号,再经 CPU 处理,计算并显示。

首先取 20 个样本进行预测,测量值 R_a 均大于 40,R_z 均大于 160,因此选择合适的测量参数为 R_a(单位:μm),取样长度为 $\lambda C = 2.50$mm,评定长度为 $\lambda C = 2.50$mm,扫描长度为 6mm。其中示值误差为 $\pm 15\%$,示值变动性<12%,传感器触针针尖圆弧半径为 $10 \pm 2.5 \mu m$,角度为 $90°^{+5°}_{-10°}$,传感器触针静测力<0.016N,测力变化率≤800N/m,传感器导头压力≤0.5N。测量方式采用多点多次测量(即每个样本表面随机取 5 点,每点各测量 1 次),取平均值作为最终测量值,详细数据见附录表 A13。

4.3　代表性样本提取

前期研究发现,大量的样本内容易使被试者产生疲劳,影响感知准确性。通过多次实验比较发现,样本数量控制在 20~40 个时实验效果最理想。因此在主观心理量获取实验中,将采用分类统计的方法,从 126 个实验样本中提取出 30 个左右的代表性样本,要求这些代表性样本能够基本涵盖 126 个实验样本的所有特征,并且互相之间具有较大差异性。

统计学中常用的分类统计方法主要有聚类分析(cluster analysis)与判别分析(discriminant analysis)。聚类分析主要针对统计学中研究"物以类聚"的问题。其实质是建立一种分类方法,将一批样本数据按照它们在性质上的亲密程度,在没有先验知识的情况下自动进行分类。根据所使用方法的不同,常常会得到不同的结论。进行聚类分析时,个案的群组特点属于未知特点。即在聚类分析之前,研究者也不知道独立观察组可以聚类为多少个类别,类别的特点也无从得知。

通过对不同聚类分析方法的了解与研究，最终决定使用 Q 型聚类分析。对各变量经过标准化处理后的 Z 值使用 Q 型聚类分析，选择组间联结（between-groups linkage）和欧氏距离平方（squared euclidean distance），得到 33 个代表性样本（见图 4.4），编号为 1、3、4、8、9、10、13、14、23、33、35、38、43、49、52、54、58、62、66、76、79、80、82、87、89、91、92、101、106、108、109、123、126，样本数量处在 20～40 个区间内，符合被试者的感知疲劳规律，保证后续实验能够顺利进行。

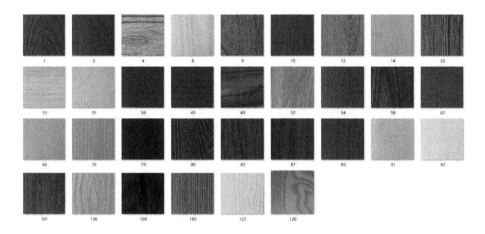

图 4.4　33 个代表性样本

4.4　主观心理量获取

4.4.1　粗糙度质感

实验内容主要包括以下几项。①问卷制作。针对样本提取部分中所获取的 33 个样本的粗糙度质感要素进行评分，应用李克特量表制作成五点量表评估问卷，问卷量表示例见附录图 A1。②被试选择。邀请 60 名被试者参与本实验并支付一定报酬，被试者均为浙江理工大学师生（30 人有设计背景，30 人无设计背景）。③实验过程。用黑色眼罩将被试者双眼蒙住后，被试者在工作人员的帮助下逐一触摸 33 个地板样本，并对每个样本的粗糙度进行评分,工作人员代为填写问卷并提供必要的帮助。每个样本接触时间为 10 秒,两个样本之间有 5 秒的休息,被试者不能同时触摸两个样本,也不能返回多次重复触摸同一个样本。④实验访谈。实验结束后,对被试者进行访谈,了解被试者参与实验的感受和在实验过程中的判别思路等,以利于后期的实验数据分析。

实验共发出 60 份问卷,最终顺利回收 57 份。剔除有明显错误的数据,取有效数据汇总后的平均值作为最终测量值(见表 4.1)。

表 4.1　粗糙度主观实验平均值

样本编号	平均值	样本编号	平均值	样本编号	平均值
1	3.8070	38	1.7368	82	1.9298
3	3.2105	43	1.8596	87	2.3509
4	2.8070	49	2.6140	89	2.0351
8	1.6316	52	2.4211	91	2.1404
9	3.2982	54	2.5789	92	2.6491
10	1.6842	58	3.3158	101	2.3158
13	1.4386	62	2.0351	106	2.8947
14	1.4386	66	1.9123	108	2.1579
23	3.8772	76	2.1579	109	2.4561
33	2.9825	79	2.3333	123	3.2105
35	2.1053	80	3.0526	126	3.2982

4.4.2　光泽度纹理

实验内容主要包括以下几项。①问卷制作。针对样本提取部分中所获取的 33 个样本的光泽度质感要素和纹理质感要素进行评分,应用李克特量表制作成五点量表评估问卷,问卷量表示例可见附录图 A2。②被试选择。被试者与粗糙度实验相同,但必须保证被试者先参加粗糙度实验,以排除视觉印象对触觉感知的干扰。③实验过程。实验在光照良好的教室进行,利用长方形课桌为实验平台,被试者只能观察样本并完成问卷,不允许触摸样本。采用多人同时实验的方式,但被试者之间不允许互相讨论。工作人员为被试者提供必要的帮助。④实验访谈。实验结束后,对被试者进行访谈,了解被试者参与实验的感受和在实验过程中的判别思路等,以利于后期的实验数据分析。

实验共发出 60 份问卷,最终顺利回收 57 份。剔除有明显错误的数据,取有效数据汇总后的平均值作为最终测量值,见附录表 A14。

4.4.3　喜好度

实验内容主要包括以下几项。①问卷制作。针对样本提取部分中所获取的 33 个样本的偏好意象进行评分,应用李克特量表制作成五点量表评估问卷,问卷量表示例见附录图 A3。②被试选择。被试者与粗糙度实验相同,但必须保证被试者先参加粗糙度实验,以排除视觉印象对触觉感知的干扰。③实验过程。实验在光照良好的教室进行,利用长方形课桌为实验平台,被试者只能观察样本并完成问卷,不允许触摸样本。采用多人同时实验的方式,但被试者之间不允许互相讨论。工作人员为被试者提供必要的帮助。④实验访谈。实验结束后,对被试者进行访谈,了解被试者参与实验的感受和在实验过程中的判别思路等,以利于后期的实验数据分析。

实验共发出 60 份问卷,最终顺利回收 57 份。剔除有明显错误的数据,取有效数据汇总后的平均值作为最终测量值,见附录表 A15。

4.5　数据分析

4.5.1　数据汇总

将四个客观物理量实验与三个主观心理量实验的数据进行汇总,详细数据见附录表 A16。由于实验所得各变量在数量级和计量单位上存在差别,各个变量之间不具有综合性,因此需要对不同量纲的数据进行无量纲化处理,解决各数值不可综合的问题。本章采用目前多变量综合分析中使用最多的一种方法即 Z 标准化方法进行数据无量纲处理,计算通过 SPSS

Statistics 21 实现,无量纲化处理后各变量的平均值为 0,标准差为 1,从而消除量纲和数量级的影响,结果可见附录表 A17。

4.5.2　相关分析

相关关系指的是变量之间存在但不确定的相互依存关系。在此情况下,因素标志的每一个数值都有可能有若干个结果标志的数值。相关分析(correlation analysis)主要探究现象之间是否存在某种依存关系并了解其相关方向及程度,是研究随机变量之间的相关关系的一种统计方法。

散点图(scatter plot)可以直观地表示两变量之间的关系。两个变量相关性越高(相关系数越高),则散点分布越趋于一条直线。图 4.5~4.8 所示分别为光泽度主观值、光泽度客观值、粗糙度主观值、粗糙度客观值与喜好度的散点图,从图中可大致看出两个变量之间的相关性。尤其可见的是光泽度客观值与喜好度有较强的正相关,粗糙度客观值与喜好度有较强的负相关。

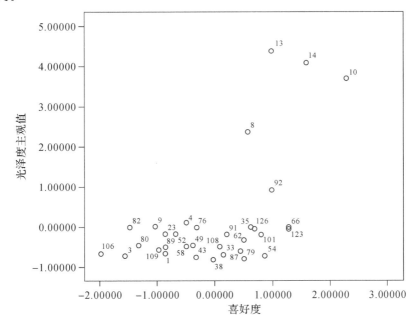

图 4.5　光泽度主观值与喜好度散点

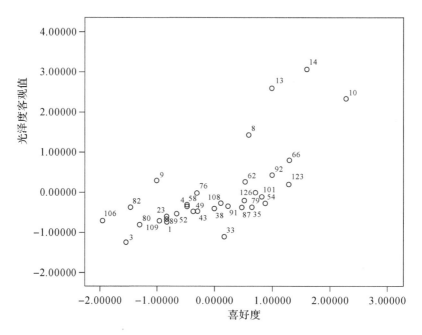

图 4.6　光泽度客观值与喜好度散点

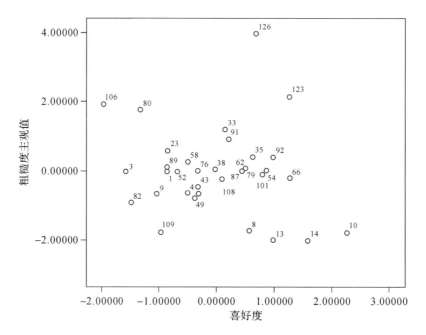

图 4.7　粗糙度主观值与喜好度散点

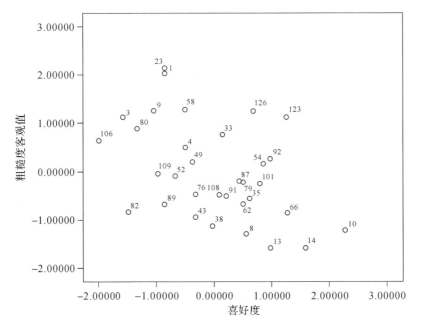

图 4.8　粗糙度客观值与喜好度散点

通过 SPSS Statistics 21 实现对光泽度主观值、光泽度客观值、粗糙度主观值、粗糙度客观值与喜好度之间的相关性分析。相关性分析结果如表 4.2 所示,相关系数如表 4.3 所示。

表 4.2　相关性分析结果

变量		喜好度	光泽度客观值	光泽度主观值	粗糙度客观值	粗糙度主观值
喜好度	Pearson 相关性	1.000	0.695**	0.564**	−0.459**	−0.160
	显著性(双侧)		0.000	0.001	0.007	0.374
	平方与叉积的和	32.000	22.249	25.024	−14.698	−6.409
	协方差	1.000	0.695	0.782	−0.459	−0.200
光泽度客观值	Pearson 相关性	0.695**	1.000	0.941**	−0.570**	−0.507**
	显著性(双侧)	0.000		0.000	0.001	0.003
	平方与叉积的和	22.249	32.000	41.739	−18.231	−20.334
	协方差	0.695	1.000	1.304	−0.570	−0.635

续表

变量		喜好度	光泽度客观值	光泽度主观值	粗糙度客观值	粗糙度主观值
光泽度主观值	Pearson 相关性	0.564**	0.941**	1.000	−0.505**	−0.526**
	显著性（双侧）	0.001	0.000		0.003	0.002
	平方与叉积的和	25.024	41.739	61.474	−22.397	−29.209
	协方差	0.782	1.304	1.921	−0.700	−0.913
粗糙度客观值	Pearson 相关性	−0.459**	−0.570**	−0.505**	1.000	0.572**
	显著性（双侧）	0.007	0.001	0.003		0.001
	平方与叉积的和	−14.698	−18.231	−22.397	32.000	22.905
	协方差	−0.459	−0.570	−0.700	1.000	0.716
粗糙度主观值	Pearson 相关性	−0.160	−0.507**	−0.526**	0.572**	1.000
	显著性（双侧）	0.374	0.003	0.002	0.001	
	平方与叉积的和	−6.409	−20.334	−29.209	22.905	50.186
	协方差	−0.200	−0.635	−0.913	0.716	1.568

** —在置信度（双侧）0.01 水平上显著。

由表 4.2 可知，光泽度客观值与喜好度的 Pearson 相关系数为 0.695，为中度相关，显著性 $P<0.05$；而光泽度主观值与喜好度的 Pearson 相关系数为 0.564，也为中度相关，显著性 $P<0.05$。由此可见，光泽度客观值与喜好度的相关性更强。粗糙度客观值与喜好度的 Pearson 相关系数为 −0.459，为中度负相关，显著性 $P<0.05$；而粗糙度主观值与喜好度的 Pearson 相关系数为 −0.16，为极低负相关，显著性 $P>0.05$。由此可见，粗糙度客观值与喜好度的相关性更强。

表 4.3　相关系数

变量			喜好度	光泽度客观值	光泽度主观值	粗糙度客观值	粗糙度主观值
Kendall 相关系数	喜好度	相关系数	1.000	0.615**	0.300*	−0.316*	−0.038
		显著性(双侧)		0.000	0.015	0.010	0.756
	光泽度客观值	相关系数	0.615**	1.000	0.549**	−0.339**	−0.237
		显著性(双侧)	0.000		0.000	0.006	0.054
	光泽度主观值	相关系数	0.300*	0.549**	1.000	−0.179	−0.223
		显著性(双侧)	0.000		0.000	0.006	0.054
	粗糙度主观值	相关系数	0.300*	0.549**	1.000	−0.179	−0.223
		显著性(双侧)					
Spearman 相关系数	喜好度	相关系数	0.015	0.000		0.145	0.070
		显著性(双侧)					
	光泽度客观值	相关系数	−0.316*	−0.339**	−0.179	1.000	0.391**
		显著性(双侧)	0.010	0.006	0.145		0.001
	光泽度主观值	相关系数	0.010	0.006	0.145		0.001
		显著性(双侧)					
	粗糙度客观值	相关系数	−0.038	−0.237	−0.223	0.391**	1.000
		显著性(双侧)					
	粗糙度主观值	相关系数	0.756	0.054	0.070	0.001	
		显著性(双侧)					

** —在置信度(双侧)0.01 水平上显著。

* —在置信度(双侧)0.05 水平上显著。

　　由表 4.3 可知,光泽度客观值与喜好度的 Kendall 相关系数为 0.615,显著性 $P<0.05$,差异性显著;Spearman 相关系数为 0.761,显著性 $P<0.05$,差异性显著。光泽度主观值与喜好度的 Kendall 相关系数为 0.3,显著性 $P<0.05$,差异性显著;Spearman 相关系数为 0.429,显著性 $P<0.05$,差异性显著。由此可见,光泽度客观值与喜好度的相关性更强。粗糙度客观值与喜好

度的 Kendall 相关系数为 -0.316,显著性 $P < 0.05$,差异性显著;Spearman 相关系数为 -0.448,显著性 $P < 0.01$,差异性显著。粗糙度主观值与喜好度的 Kendall 相关系数为 -0.038,显著性 $P > 0.05$,差异性不显著;Spearman 相关系数为 -0.081,显著性 $P > 0.05$,差异性不显著。由此可见,粗糙度客观值与喜好度的相关性更强。

根据以上的统计分析结果可知,粗糙度、光泽度两个值的客观实验数据比主观实验数据与喜好度值的相关性更强,客观实验数据比主观实验数据更能够解释样本的材质要素与消费者喜好度之间的关系。因此,后续研究中除了纹理质感要素之外,应针对客观实验所获数据展开分析。33 个代表性样本的实验数据可见附录表 A18。

各质感要素与喜好度相关性如表 4.4 所示。除了之前提到的光泽度与粗糙度之外,其他质感要素与喜好度的相关性如下:饱和度与喜好度的 Pearson 相关系数为 -0.174,为极低负相关,P 值为 0.334,差异性不显著;色相与喜好度的 Pearson 相关系数为 0.228,为低度相关,P 值为 0.201,差异性不显著;明度与喜好度的 Pearson 相关系数为 0.374,为低度相关,P 值为 0.032,差异性显著;纹理与喜好度的 Pearson 相关系数为 -0.458,为中度负相关,P 值为 0.007,差异性显著。

表 4.4　各质感要素与喜好度相关性

变量		喜好度
光泽度客观值	Pearson 相关性	0.695**
	显著性(双侧)	0.000
	平方与叉积的和	22.249
	协方差	0.695
饱和度 C	Pearson 相关性	-0.174
	显著性(双侧)	0.334
	平方与叉积的和	-5.633
	协方差	-0.176

续表

变量		喜好度
色相 H	Pearson 相关性	0.228
	显著性(双侧)	0.201
	平方与叉积的和	8.075
	协方差	0.252
明度 V	Pearson 相关性	0.374*
	显著性(双侧)	0.032
	平方与叉积的和	11.767
	协方差	0.368
粗糙度客观值	Pearson 相关性	−0.459
	显著性(双侧)	0.007
	平方与叉积的和	−14.698
	协方差	−0.459
纹理	Pearson 相关性	−0.458
	显著性(双侧)	0.007
	平方与叉积的和	−14.663
	协方差	−0.458

* —在置信度(双侧)0.01 水平上显著。

　　正态分布的检验方法有 Kolmogorov-Smirnov 检验和 Shapiro-Wilk 检验两种,其中后者在样本量少于 50 时适用。对 33 个代表性样本的光泽度、色相、粗糙度数据进行了正态性检验,P 值均小于 0.05,可以认为这三个变量的数据符合正态分布。

4.5.3　回归分析

　　回归分析(regression analysis)是确定两种及两种以上变量间相互存在的定量关系的一种统计分析方法。用函数关系表示变量间的确定性关系,非确定性关系也就是相关关系则可以借助函数关系来表示变量之间的统计规律。这种近似地表示变量间关系的函数就是回归函数。一般公式为

$$Y = f(x) + \varepsilon \tag{4.1}$$

其中，Y 为随机变量，x 为普通变量，ε 为随机变量(也称为随机误差)。

通过已知的实验结果与过往的经验来建立统计模型，研究变量间存在的关系，并得到近似的表达式及经验公式，借此表达式对相关变量进行预测和控制。用 SPSS Statistics 21 对 33 个经过标准化处理的样本数据进行回归分析，可得到回归方程：

$$y = 0.493X_1 - 0.043X_2 + 0.084X_3 - 0.202X_4$$
$$+ 0.182X_5 - 0.333X_5 - 0.078$$

4.5.4　主成分分析

(1)分析前处理

在研究中往往需要对反映事物的多个变量进行观测，而多个变量之间往往存在一定的相关关系，因此可以通过降维将相关性高的变量聚类。因子分析可将众多很难解释但彼此间确有联系的变量转化为少数有概念化意义而彼此具有较大独立性的因子。因子分析的简化，一方面希望每个变量与较少的共同因子有联系，但只与一个共同因子存在密切关联(个别因素负荷量非大即小)，这样有利于简化对变量的解释；另一方面，要求每个共同因子只与一些变量密切相关(可正也可负)，这样有助于简化对因子的解释。

主成分分析法利用降维的思想将多变量简化为较少综合变量，对数据进行降维，降维后的变量是原来变量的线性组合，反映原变量的绝大多数信息，使信息的损失较小，从而有利于进行下一步的计算、分析和评价。

归一化是一种无量纲处理手段，使物理系统数值的绝对值变成某种相对值关系；归一化是一种简化计算、缩小量值的有效办法，即将有量纲的表达式通过变换转化为无量纲的表达式，成为纯量。对 33 个样本数据进行归一化处理，将原始数据空间映射到区间[0,1]中，归一化计算公式为

$$A_i = \frac{X - X_{\min}^i}{X_{\max}^i - X_{\min}^i} \tag{4.2}$$

其中，i 为实验组的序号，X 为该组实验所获的最终值，$X_{\max}^i$ 和 $X_{\min}^i$ 分别为每个质感要素实验数值中的最大值和最小值，A_i 为第 i 个质感要素最终值经归一化处理后的数值。数据处理结果可见附录表 A19。

（2）主成分分析

选取表 4.4 中的六个质感要素构成综合评价指标体系，经过归一化处理后得到 $A_1 \sim A_6$，计算各变量间的相关系数矩阵，然后计算相关矩阵的特征值，以及各主成分的贡献率和累计贡献率。所得结果如表 4.5 所示。

表 4.5　相关矩阵

变量		A_1	A_2	A_3	A_4	A_5	A_6
相关系数	A_1	1.000	0.420	0.323	0.307	−0.526	−0.171
	A_2	0.420	1.000	0.789	0.405	−0.019	0.003
	A_3	0.323	0.789	1.000	−0.030	0.160	−0.197
	A_4	0.307	0.405	−0.030	1.000	−0.271	0.287
	A_5	−0.526	−0.019	0.160	−0.271	1.000	0.293
	A_6	−0.171	0.003	−0.197	0.287	0.293	1.000
显著性（单侧）	A_1		0.007	0.033	0.041	0.001	0.171
	A_2	0.007		0.000	0.010	0.459	0.492
	A_3	0.033	0.000		0.434	0.187	0.136
	A_4	0.041	0.010	0.434		0.064	0.053
	A_5	0.001	0.459	0.187	0.064		0.049
	A_6	0.171	0.492	0.136	0.053	0.049	

注：矩阵行列式＝0.063。

通过各变量间的相关系数，可见光泽度与色相存在一定的正相关，光泽度与明度存在一定的正相关，光泽度与饱和度有一定的负相关，光泽度和纹理有明显的负相关，光泽度和粗糙度相关性不强；色相与明度有很强的正相关，色相与饱和度有明显的正相关，色相与纹理、粗糙度的相关性都很弱；明度与饱和度、纹理、粗糙度的相关性也都不强；饱和度与纹理、粗糙度的相关性均不强；纹理与粗糙度的相关性也不强。

公因子方差如表 4.6 所示。

表 4.6　公因子方差

变量	初始	提取
光泽度(A_1)	1.000	0.919
色相(A_2)	1.000	0.938
明度(A_3)	1.000	0.948
饱和度(A_4)	1.000	0.968
粗糙度(A_5)	1.000	0.870
纹理(A_6)	1.000	0.970

　　表 4.7 是经过主成分分析计算所得的各个主成分的特征值和贡献率,表 4.8 是成分矩阵。方差贡献率的大小反映了各个主成分的重要程度,方差贡献率大则说明该成分可以解释较多的原始变量数据。在统计学中普遍认为,主成分的累积贡献率达到 75% 以上即可用少数几个主成分代表原来多个指标的绝大部分信息。由表 4.7 和表 4.8 可见,第一主成分的贡献率为 37.72%,第二主成分的贡献率为 25.018%,第三主成分的贡献率为 22.578%,第四主成分的贡献率为 8.247%,前四个主成分的解释累计变异量为 93.563%,也就是说抽取的四个因素能解释总变异量的 93.563%,所以选取前四个主成分已经完全能够满足需要。由表 4.8 可见,第一主成分(T_1)主要和色相、明度及光泽度相关,可以定义为色相明度主成分;第二主成分(T_2)主要和粗糙度相关,可以定义为粗糙度主成分;第三主成分(T_3)主要和纹理、饱和度相关,可以定义为纹理饱和度主成分;第四主成分(T_4)除光泽度以外,其余变量的系数绝对值都小于 0.4,是五个变量的综合。根据主成分载荷计算各样本在各个主成分上的得分,所得结果见附录表 A20。将 $T_1 \sim T_4$ 的主成分得分与 Y 值经归一化处理后得到附录表 A21 的数据。

　　所得公式如下:

$$T_1 = 0.858A_2 + 0.775A_1 + 0.703A_3 - 0.396A_5$$
$$- 0.193A_6 + 0.488A_4$$
$$T_2 = 0.418A_2 - 0.371A_1 + 0.604A_3 + 0.84A_5$$
$$+ 0.247A_6 - 0.239A_4$$
$$T_3 = 0.11A_2 - 0.053A_1 - 0.295A_3 + 0.09A_5$$

$$+0.849A_6+0.723A_4$$
$$T_4=-0.118A_2+0.422A_1+0.047A_3-0.013A_5$$
$$+0.389A_6-0.387A_4$$

表 4.7　解释的总方差

成分	初始特征值			提取平方和载入		
	合计	方差 贡献率/%	累积 贡献率/%	合计	方差 贡献率/%	累积 贡献率/%
1	2.263	37.720	37.720	2.263	37.720	37.720
2	1.501	25.018	62.738	1.501	25.018	62.738
3	1.355	22.578	85.316	1.355	22.578	85.316
4	0.495	8.247	93.563	0.495	8.247	93.563
5	0.291	4.846	98.409			
6	0.095	1.591	100.000			

表 4.8　成分矩阵

变量	成分			
	T_1	T_2	T_3	T_4
色相(A_2)	0.858	0.418	0.110	-0.118
光泽度(A_1)	0.775	-0.371	-0.053	0.422
明度(A_3)	0.703	0.604	-0.295	0.047
粗糙度(A_5)	-0.396	0.840	0.090	-0.013
纹理(A_6)	-0.193	0.247	0.849	0.389
饱和度(A_4)	0.488	-0.239	0.723	-0.387

　　通过主成分分析得到在四个主成分上各个样本的得分情况,这部分得分可以用于对之后的模型进行构建。

参考文献

黄慧，王玉，程丽美，2009. 木材表面视觉物理量与感觉特性[J]. 江西林业科技(6)：20-22.

李赐生，2010. 论木家具材料设计表情特征[J]. 中南林业科技大学学报（社会科学版），4(6)：106-109.

李竞克，侯琳，2009. 浅谈浸渍纸层压木地板[J]. 河南建材(6)：35-36.

陆赵情，张美云，花莉，2003. 强化木地板耐磨纸的生产[J]. 纸和造纸(3)：55-57.

钱珏，2006. 产品材料质感的语义研究[D]. 无锡：江南大学.

徐明，李霞镇，2011. 浸渍纸层压木质地板的生产工艺及质量控制[J]. 木材加工机械，22(2)：43-47.

于海鹏，刘一星，刘镇波，2007. 应用数字图像处理技术实现木材纹理特征检测[J]. 计算机应用研究(4)：173-175.

赵广杰，1997. 木材构造和生体节律的 $1/f$ 型涨落谱[J]. 木材工业(6)：22-25.

第 5 章　材质偏好认知模型与系统

　　目前在设计领域,研究产品材质要素与用户认知评价之间的对应关系所运用的统计方法主要包括聚类分析(cluster analysis)(Choi et al.,2007;许佳颖,2006;吴瑕,2010;杨启星,2007;赖百兴,2003)、因子分析(factor analysis)(简丽如,2002;Lo et al.,2006;苏珂,2012;苏建宁等,2005;赖百兴,2003)、多元尺度分析(multi-dimentional sealing methods)(许佳颖,2006;陈达昌,2009)、T 检验(student's t test)(Karana et al.,2009;2010)等。此外,多元回归分析(multiple regression analysis)(苏珂,2012;赖百兴,2003;Han et al.,2004)、多变量分析(multivariate analysis)(Jindo et al.,1995)、意象尺度(image scale)(吴瑕,2010)、语意差异(semantic differential,SD)(简丽如,2002;Lo et al.,2006;苏珂,2012;赖百兴,2003;陈达昌,2009;Jindo et al.,1995)、多元方差分析(multivariate analysis of variance,MANOVA)(Karana et al.,2010)、联合分析(conjoin analysis)(Lo et al.,2006;许渊智,2008)、基因表达式编程(gene expression programming,GEP)(苏珂,2012)等方法也被用来建立材质的质感法则,并定量研究用户的心理感性意象与产品材质要素之间的关系。

　　还有的研究利用数量化 I 类方法(吕明泉,2002;许佳颖,2006;孙凌云等,2009;苏建宁等,2005)构建了用户感性意象与材质质感要素的有效映射(苏珂,2012),利用模糊层次分析法构建了产品材质与消费者感性意象之间的对应关系(苏珂,2012);利用 BP 神经网络(反向传播神经网络)拟合了消费者感性意象和产品材质要素之间的非线性关系并建立了关系模型(苏珂,2012;杨启星,2007);利用遗传算法(gene algorithm,GA)(Groissboeck et al.,2010)进行了材料质感特征的进化设计(杨启星,2007)等。

在综合比较了前述研究所用的方法之后,本章主要利用基因表达式编程算法来解决产品材料质感要素与消费者偏好意象的问题,并与 BP 神经网络和支持向量机获得的结果进行比较,下面对相关算法进行简单介绍。

5.1　BP 神经网络

BP 神经网络是基于反向传播算法(BP 算法)的多层前馈网络,网络结构简单、算法成熟,具有自学习和自适应等优点以及非线性动力学的特点(黄琳等,2005)。BP 算法通过输入、输出数据样本集和误差反向传递原理对网络进行训练,其学习过程包括信息正向传播与误差逆向传播两个过程,连续不断地在相对误差函数梯度下降的方向上对网络权值和偏差的变化进行计算,逐渐逼近目标(李朝静等,2012)。典型的 BP 神经网络由一个输入层、至少一个隐含层和一个输出层组成,其结构如图 5.1 所示。

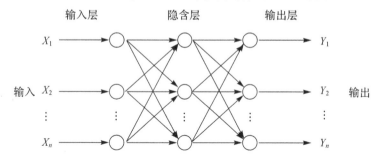

图 5.1　BP 神经网络结构

BP 神经网络的特点是多层神经元仅与相邻层神经元之间有连接,各层内神经元之间无任何连接,各层神经元之间无反馈连接(马轶东等,2010)。BP 神经网络的输入输出关系是一个高度非线性的映射关系,若输入结点数为 n,输出结点数为 m,则网络是从 n 维欧氏空间的映射(黄娜娜,2012)。通过调整 BP 神经网络中的连接权值以及网络的规模可以实现非线性分类等问题,并且可以以任意精度逼近任何非线性函数。在确定了 BP 神经网络的结构后,利用输入输出样本集对其进行训练,即对网络的权值和阈值进行学习调整，以使网络实现给定的输入输出的映射关系。经过训练的 BP 神经网络对不是样本集中的输入也能给出合适的输出，这种性质称为泛化（generalization）（刘艳侠等，2007）。

近年来，BP 神经网络技术已经在许多领域获得了应用，其建模的高效性、准确性和从已知实验数据中获得知识这一优势引起了许多学者的重视。许多国内外科研工作者已将 BP 神经网络技术应用于材料、计算机、经济、管理等领域的许多方面（Hsiao et al.，2002；刘艳侠等，2007；樊振宇，2011；李翱翔等，2009；周政，2008；鲁娟娟等，2006；单潮龙等，2000），相比于传统计算，这一技术的精确度大大提高。

BP 神经网络在设计领域也获得了应用，杨启星（2007）采用非线性运算模式引入 BP 神经网络方法，拟合了消费者感性意象和产品材质之间非线性的复杂关系，给出了两者之间更为准确的关系模型；利用该关系模型，以特定消费者的感性意象需求为目标，尝试运用遗传算法进行材料质感特征的进化设计，获得了符合目标感性意象的众多的材料质感类型，为产品设计师最终遴选产品材料质感提供了科学依据。

苏建宁等（2011）通过语意差异法的调查结果训练 BP 神经网络，建立感性意象和设计参数之间非线性的对应关系。采用三层 BP 神经网络建立产品造型设计参数与感性意象之间的关系，用于评估新形态的感性意象。输入为产品的造型设计参数，节点数为设计的控制参数个数，输出为用户的感性意象，节点数为反映消费者感性意象认知的语汇对数，隐含层的神经元数量为输入层与输出层神经元数量之和的二分之一。对于前向计算，从输入层到隐含层和从隐含层到输出层，传递函数均采用对数 S 形函数。周美玉等（2011）将产品设计元素的特征要素作为 BP 神经网络的输入，再将产品形态感性量作为 BP 神经网络的输出，利用 BP 神经网络将两组数据进行非线性拟合，求得产品形态与感性意象之间的关系模型，通过网络计算得到最优化的设计元素特征量值，指导产品方案设计。将产品设计元素的不同组合作为 n 维输入空间，而用户的感性意象评价即为 m 维输出空间，通过问卷调查获取用户对现有产品的感性评价作为网络的训练样本，进而运用 BP 神经网络建立感性意象与设计元素间的映射关系，在此基础上预测非训练样本的特征量。

　　李永锋等(2009)利用 BP 神经网络模型建立感性词汇与造型设计要素两者之间的关系,进行产品感性意象设计的实验仿真,并通过测试验证了模型的有效性。刘刚田等(2009)利用 BP 神经网络分析配置参数和感性图像之间的关系,建立产品造型形状和形象的模拟研究,通过调节配置参数或组件的形状,创建新产品类型和新产品设计的形象感觉。以上研究内容有雷同之处,都是将 BP 神经网络用于拟合感性意象和设计要素之间的非线性关系。此外,与设计领域相关的研究还包括:石夫乾等(2007)对不同时段关联规则进行训练、预测和整合,从而实现对客户感性知识的挖掘;赵万芹(2009)利用 BP 神经网络评价产品造型设计;等等。

　　在织物风格的研究中也有不少学者利用 BP 神经网络建立织物物理参数与织物风格之间的关系,从而对织物进行风格评定(董彬等,2004;成玲等,2002;成玲等,2001)。织物作为材料的一种,对我们研究产品材质有着较大的参考价值。

5.2　支持向量机

　　支持向量机(support vector machines,SVM)是建立在统计学习理论基础上的一种数据挖掘方法,它能成功地处理回归问题(时间序列分析)和模式识别(分类问题、判别分析)等诸多问题,并可推广于预测和综合评价等领域(王书舟等,2008)。支持向量机根据有限的样本信息,在模型的复杂性和学习能力之间寻求一种最佳折中,以期获得最好的泛化能力(周媛等,2006;张浩然等,2005)。

　　支持向量机的机理是寻找一个满足分类要求的最优超平面(optimal hyperplane),使得该超平面在保证分类精度的同时能够使超平面两侧的空白区域最大化(王晓丹等,2004;刘江华等,2002)。二维的两类线性可分模式如图 5.2 所示。图中的△和○分别表示两类训练样本,H 为把两类训练样本正确分开的分类线,H_1,H_2 分别为各类样本中离分类线最近的点且平行于分类线的直线,H_1 和 H_2 间的距离即为两类的分类间隔(margin)。所谓最优分类线,就是要求分类线将两类训练样本无误地分开,并使两类的分类间隔最大。推广到高维空间,最优分类线就成为最优超平面(常继科等,2007)。理论上,支持向量机能够实现对线性可分数据的最优分类(丁世飞等,2011)。

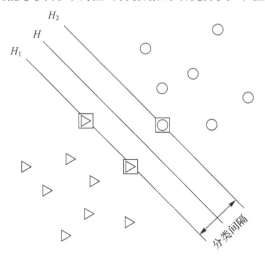

图 5.2　最优超平面二维线性可分模式

支持向量机在文本识别(刘晓亮等,2010)、手写字体识别(林开标等,2006)、人脸图像识别(王艳梅等,2013)、基因分类(李颖新等,2005)、时间序列预测(高伟等,2008)、模式分类(Doumpos et al.,2007;Khemchandani et al.,2007)、回归问题(Hao et al.,2008;Wu et al.,2007)、模式识别(Burges,1998;Roobaert et al.,1999)、字符识别(Scholkopf et al.,1997)、文本自动分类(卢增祥等,1999)、人脸检测(Munir et al.,2002;Kumar et al.,2000;Osuna et al.,1997)、头的姿态识别(Huang et al.,1998)、函数逼近(Smola et al.,2004;田盛丰等,2000)、数据挖掘(Bradley,1998)和非线性系统控制(Suykens et al.,2001)中均有很好的应用。

在设计领域,支持向量机的应用还不是很多。李永锋等(2011)以产品造型设计的各要素为自变量,以感性意象评价值为因变量,建立了基于支持向量机的产品感知意象值的预测模型;研究中以 32 款办公座椅感性评价矩阵中的造型设计要素为输入变量,以感性意象"呆板的—活泼的"的评价值为输出变量,构建支持向量机预测模型。刘刚田等(2010)在消费者喜好的基础上提出了建立 OVO-FSVM 分类模型的产品造型设计方法,并分别以机床和手机为例进行研究。通过使用高斯核函数,分配连续和离散属性,每个产品样本被分配一类标记和模糊隶属度用来标记相应的语意差别评分(Shieh et al.，2008a)。一对一(one versus one，OVO)模糊支持向量机(fuzzy support vector machines，FSVM)模型利用收集的产品样本和最佳的训练参数设置的模型，确定两步交叉验证的方法。这一方法大大提高了支持向量机的预测模型泛化的能力，从而提高了支持向量机的应用范围。Shieh等(2008b)提出了一种基于多类支持向量机回归特征消除(support vector machine-recursive feature elimination，SVM-RFE)的方法，被用于选择最优的产品形态特征。以手机形态为样本，使用高斯内核构建了一个OVO的多级模糊支持向量机(multiclass fuzzy SVM)模型，然后对一组最优训练模型参数集使用了两步交叉验证。最后通过使用总体排名或类依赖排名，将多类支持向量机回归特征消除过程应用于选择关键形态特征，每个迭代过程的权重分布可以用于分析每个形态特征的相对重要性。实验结果表明，多级支持向量机回归特征消除过程不仅对于识别关键形态特征最小泛化误差非常有用，也可以用于选择最小的特征子集，从而构建具有辨别能力的预测模型。

5.3　基因表达式编程

5.3.1　基因表达式编程概述

基因表达式编程(gene expression programming，GEP)是由葡萄牙生物学家Ferreira于20世纪末在遗传算法和遗传编程的基础上提出的。GEP虽为进化算法的新成员，但由于其既有遗传算法"定长线性串"的简单，也有遗传编程"动态树结构"的搜索能力，已受到越来越多的关注。大量实验对比研究表明，GEP的运行速度比传统的遗传算法和遗传编程提高了100~60000倍(Ferreira，2006)。目前，GEP已成功应用于数学、物理、化学、生物、计算机、微电子、电信、军工、经济等领域，并取得了丰硕的成果。由于GEP兼具遗传算法和遗传编程的优点，所以被广泛地应用于科学与工程领域。GEP算法流程如图5.3所示。

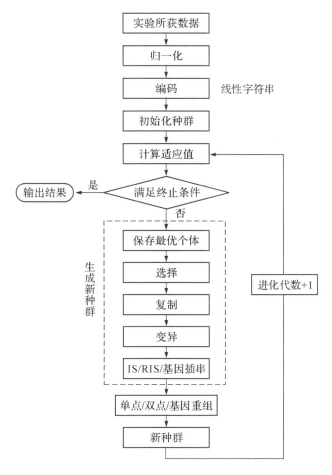

图 5.3　GEP 算法流程

5.3.2　基因表达式编程基本思想

GEP 的个体(即染色体)由单个或者多个基因组成,基因用长度固定的符号串来表示,由头和尾两部分组成。其中,头部既可以包含函数符号,也可以包含终结符号,而尾部则只能包含终结符号(彭昱忠等,2011)。尾部长度 t 和头部长度 h 之间应该满足以下关系:

$$t = h \times (n-1) + 1 \tag{5.1}$$

其中,n 代表函数符集中的最大操作数目。

GEP 的基因有基因型和表现型两种表现形式,因此每个基因对应一个 K 表达式(表示基因编码的有效部分)和一棵表达式树(expression tree)。

其中,K 表达式就是基因型,表达式树就是表现型,两者之间可以相互转换。如 $\sqrt{x^2+y^2}$ 这个式子,可以用图 5.4 的表达式树来表示其染色体编码方法。表现型和基因型相互转换的方法就是对表达式树进行从上至下、从左至右的层次遍历,就可得到相应的 K 表达式;反之,将 K 表达式按以上过程的逆过程进行解码,就可以得到相应的表达式树。而中序遍历该表达式树即可得出对应的数学表达式。如 $\sqrt{x^2+y^2}$,可以用公式(5.2)所示的基因片段来表示,其对应的基因表现型和基因型分别如图 5.4 和公式(5.2)所示(彭昱忠等,2011)。

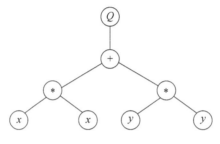

图 5.4 表达式树

$$
\begin{array}{cccccccc}
0 & 1 & 2 & 3 & 4 & 5 & 6 & 7 \\
Q & + & * & * & x & x & y & y
\end{array}
\tag{5.2}
$$

GEP 的若干个体构成整个种群,成为进化计算家族的成员,其算法的进化过程类似于遗传算法(genetic algorithm,GA)和遗传编程(genetic programming,GP),可简单概括为对种群实施若干次遗传操作,使种群一代代进化,从而寻求最优的个体,得到问题的最终解(Ferreira,2002a)。

5.3.3 基因表达式编程的应用

Ferreira 在提出了 GEP 的概念以后也对 GEP 做了大量的应用研究,并成功地将 GEP 用于函数挖掘(Ferreira,2001)、分类和仿真(Ferreira,2002a)等问题,尤其在函数挖掘方面,不断提出新的研究成果。Ferreira 已经开发出了以 GEP 为核心技术的商品化软件,并创建了 Gepsoft 公司,获得了专利(Ferreira,2002a;de Carvalho,2002)。国外其他学者也对 GEP 进行了大量的应用研究,如将 GEP 应用于分类规则的挖掘和时间序列的预测。同样,国内学者对 GEP 也有一定的研究,如将 GEP 应用于实现智能模型库系统(元昌安等,2005)和对股票时间序列数据的挖掘(廖勇等,2005)。由于 GEP 不依赖于问题的具体领域,对问题的种类有很强的鲁棒性,因此被广泛应用于许多领域。

(1) 函数挖掘。目的是发现描述数据或趋势的函数,以便能够使用函数模型进行预测。2002 年,Ferreira 出版了第一本关于基因表达式编程的专著,该书详细讨论了将 GEP 运用于函数挖掘的基本方法(Ferreira,2002b)。实践证明,GEP 已经在函数挖掘问题上得到了成功应用。

(2) 分类规则挖掘。分类规则挖掘是数据挖掘的一个重要分支,在过去十多年中引起了不同领域学者的关注。近几年演化算法在分类规则挖掘领域的应用已经取得了相当大的发展,GEP 作为一种新的遗传算法在这方面崭露头角(Zhou et al.,2002;2003)。

(3) 时间序列预测。时间序列预测是 GEP 的经典应用领域,也是对 GEP 性能评价的常用算例。自然科学的观测数据,如气象、太阳黑子数据等都是时间序列数据。GEP 目前在这一领域已取得较好的结果,如 Zuo 等(2004)用 GEP 方法从时间序列数据中挖掘微分方程,然后求微分方程数值解,这在太阳黑子预测上取得了较好的效果。

(4) 自动控制。GEP 已经在自动控制领域中得到了初步的应用并显示出良好的效果。例如,利用 GEP 进行人工神经网络的结构优化设计(Ferreira,2001),显示了 GEP 在这个领域应用的可能性。

(5) 优化计算机辅助设计。刘弘等(2006)提出了支持外观造型创新设计的进化计算方法。Kim 等(2000)和蚁平等(2006)分别探讨了基于交互式遗传算法的服装设计模型和建筑物外观设计模型。徐江等(2007)提出了基于遗传算法的产品意象造型优化设计方法,运用语意差异法提取内隐的用户意象语意信息,运用多维度尺度法、形态分析法分析产品造型特征,再由数量化 I 类方法求取造型特征与感性意象之间的量化关系,最终依据层次分析确定的目标函数进行遗传优化,得到设计方案。采用遗传算法构建的人类感知和视觉纹理的正向模型,以及对遗传算法进行层次分级优化并确定目标函数,也已经被证明能更有效地得到更优设计方案(徐江等,2007;Groissboeck et al.,2010)。一般而言,这类方法首先运用语意差异法提取用户的意象数据,用多维等级分析法挑选认知样本,用数量化Ⅰ类方法建立意象与语意映射,然后应用基因表达式编程建立意象与材质关系模型(苏珂,2012)。

5.4 材质偏好认知模型

5.4.1 模型框架

针对目前感性工学方法模型在分析和评价材料质感与用户认知差异方面的不足,本章提出了基于神经网络、支持向量机和基因表达式编程(GEP)(Ferreira,2006)的产品材料质感主观喜好度评测方法,并构建了材质要素与用户偏好之间的对应模型,模型框架如图 5.5 所示。

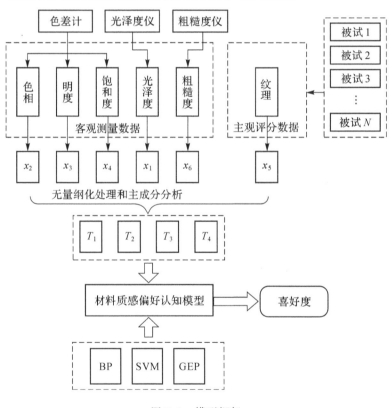

图 5.5 模型框架

5.4.2 基于基因表达式编程的材料质感偏好进化认知算法

张克俊(2010)对 GEP 进行了深入的理论与应用分析,证明 GEP 在监督机器学习、函数拟合领域表现优越,特别是函数拟合及分类问题。Ferreira(2006)指出,GEP 在拟合精度及鲁棒性方面都有着不俗的表现。鉴于此,本章将产品材料质感偏好意象认知问题转换为复杂函数关系建模问题,基于 GEP 提出了产品材料质感偏好意象进化认知算法。该算法将对四个主成分 T_1, T_2, T_3, T_4(见图 5.5)参数进行基因编码,通过对种群初始化操作,形成初始种群。对初始种群中的基因进行适应值评估(用适应值函数计算适应值)。如果种群中最优个体适应值满足需要,则算法终止;否则,对种群按照精英保留策略进行基因选择和复制,并进行变异、插串、重组等操作,形成新一代种群,在新一代种群中最优个体适应值未达到预期要求前,重复产生新种群。算法终止后,对种群中最优个体进行解码,得到关于四个主成分(T_1, T_2, T_3, T_4)的一个数学关系表达式 $Y(T)$,$Y(T)$ 即为材料质感偏好意象函数。该算法步骤如图 5.6 所示。

第 1 步:获得实验数据。对原始数据进行一定的数据处理。
第 2 步:初始化 GEP 种群。多个个体,形成种群。
第 3 步:计算个体适应值。基于实验数据,求得个体适应值。
　　　　　　　　　　　如满足终止条件,输出优个体,退出。
　　　　　　　　　　　否则进行下一步。
第 4 步:选择过程。将种群按个体适应值排序。
第 5 步:遗传操作过程。按一定的规则对种群执行遗传操作。
第 6 步:形成新种群。转第 3 步。

图 5.6 基于 GEP 的材料质感偏好进化认知算法

下面就进化认知算法中关键的三个步骤,基因编码及种群初始化,适应值求解,以及产生新种群,分别做具体介绍。

(1)基因编码及种群初始化。从函数集 F 和终点集 T 中随机选取参数,把每个参数作为基因的一位,即完成基因的编码,重复进行 N 次随机编码,便完成了种群的初始化。图 5.7 所示为一个基因长度为 17 的基因,基因头长度为 8,基因尾长度为 9,暂命名为基因 A。设其为本章的初始种群中的基因。其中,$S, +, -, *, /, e$ 属于函数集 F;T_1, T_2, T_3, T_4 属于终点

集 T,分别表示建模参数的四个主成分。基因 A 按照基因表达式编程规则表示成表达式树,如图 5.8 所示(第 9 个基因被舍去)。又根据表达式树的规则(Ferreira,2006),采用从下至上、从左至右读取表达式树,得到材料质感偏好意象函数:

$$Y(T) = \sin(T_1 + T_4 + T_2 T_3) \tag{5.3}$$

$$\begin{array}{ccccccccc} 1 & 2 & 3 & 4 & 5 & 6 & 7 & 8 & 9 \\ S & + & + & * & T_1 & T_4 & T_3 & T_2 & T_3 \end{array}$$

图 5.7 基因原长度为 9 的基因 A

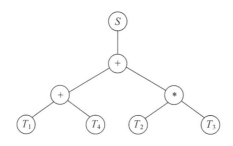

图 5.8 基因 A 的表达式树

(2)适应值求解。把公式(5.3)计算出的值作为适应值。如果种群中最优个体适应值满足需要,则算法终止;否则,对种群按照精英保留策略进行基因选择和复制,并进行变异、插串、重组等操作,形成新一代种群,在新一代种群中最优个体适应值未达到预期要求前,重复产生新种群。

(3)产生新种群。产生新种群的操作有很多种,现简单对变异操作做一介绍。如果对基因 A 的第一位进行变异,将 S 函数换为 Q 函数,则表达式树会随之改变,进而数学表达式变为

$$Y(T) = \sqrt{T_1 + T_4 + T_2 T_3} \tag{5.4}$$

5.4.3 评估函数

本章使用经典统计学习参数均方根误差(root mean square error,RMSE)和相关系数(correlation coeffcient,CC)来验证算法的有效性和预测能力,其中,RMSE 的计算公式为

$$\text{RMSE} = \sqrt{\text{MSE}} = \sqrt{\frac{1}{n} \sum_{i=1}^{n} (P_{ij} - T_j)^2} \tag{5.5}$$

其中，MSE 为均方误差(mean square error)，P_{ij} 是第 i 个个体对于 j 个样本数据的输出值，Q_j 是个体 j 的观察值。CC 的计算公式为

$$CC = \frac{Cov(Q, P)}{\sigma_Q \times \sigma_P} \tag{5.6}$$

此处，$Cov(Q, P)$ 为协方差，σ_Q 和 σ_P 是各自的标准方差。

5.4.4　实验结果分析与验证

(1)实验一

基于以上的思路和模型，首先对 124 个地板样本进行了实验。实验中，选择最基本的参数集进行算法验证，并采用最简单的函数集。相关参数如表 5.1 所示。

表 5.1　GEP 参数集

参数名	参数值
终止代数和种群大小	1000,200
函数集	$F = \{+, -, \times, \div\}$
终点集	$T = \{T_1, T_2, T_3, T_4\}$
基因个数和基因头长度	6,10
基因连接符	$+$
变异率	0.044
单点、两点重组率	0.2
基因重组率	0.05
IS、RIS、Gene 转座率	0.05
IS、RIS 转位元素数量	1,2,3

在 124 个地板样本的实验数据中，随机抽取 100 个样本的实验数据作为训练数据，余下 24 个样本的实验数据作为测试数据。采用如表 5.1 所示的参数符号集，采用 MSE 作为适应值函数，利用 GEP 进行拟合。该模型的训练结果如图 5.9 所示，测试结果如图 5.10 所示。

同时，考虑到 BP 神经网络和 SVM 一直在复杂关系建模问题上有着优越的表现，基于相同的运行环境，采用 BP 和 SVM(利用交叉验证获得最优的 $C = 2, G = 1.5$)进行了产品材料质感偏好意象认知关系研究。BP、SVM

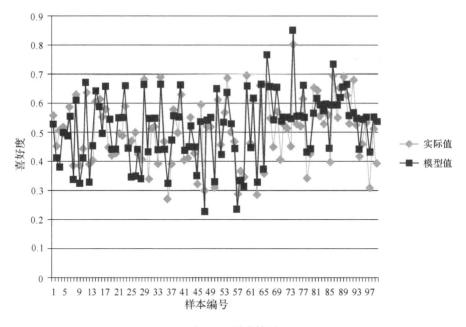

图 5.9　训练结果

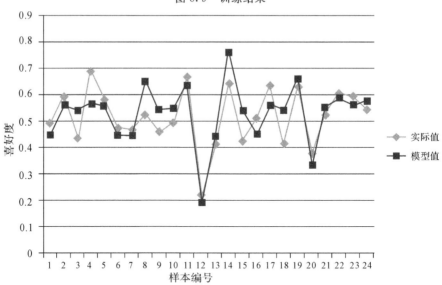

图 5.10　测试结果

与 GEP 运行的对比结果如表 5.2 所示。由表 5.2 可知,BP、SVM 和 GEP
均能获得较好的预测结果,而 GEP 在测试集上表现更加优越,具有更好的
鲁棒性。

表 5.2　BP、SVM 与 GEP 运行的对比结果

算法	训练集		测试集	
	RMSE	CC	RMSE	CC
BP	0.073	0.8169	0.1724	0.7308
SVM	0.0822	0.7765	0.1182	0.7429
GEP	0.0786	0.8023	0.0892	0.8052

（2）实验二

由实验一的结果可知：①GEP 较 BP 神经网络与 SVM 能获得更好的结果；②124 个实验样本对于被试者而言数量太多，易造成认知疲劳而影响实验的准确性。故为了对以上两点进行优化，实验二采用表 5.3 所示的参数集，对 4.3 节所获的 33 个代表性地板样本的四个主成分进行算法验证。其中，logistic 函数为 $\mathrm{logistic}(x) = 1/(1+\mathrm{e}^{-x})$。

表 5.3　GEP 参数集

参数名	参数值
终止代数和种群大小	800,500
函数集	$F = \{+, -, \times, \div, \sin, \cos, \mathrm{logistic}\}$
终点集	$T = \{T_1, T_2, T_3, T_4\}$
基因个数和基因头长度	6,10
基因连接符	$+$
变异率	0.044
单点、两点重组率	0.3
基因重组率	0.1
IS、RIS、Gene 转座率	0.1
IS、RIS 转位元素数量	1,2,3
每个个体常量个数	10

从 33 个地板样本的主成分得分值 $T_1 \sim T_4$ 与喜好度得分值 Y 数据集中，随机抽取 28 组数据作为训练数据，余下 5 组数据作为测试数据。采用如表 5.3 所示的参数符号集，采用 MSE 作为适应值函数，利用 GEP 进行拟

合,得到一个最优个体,转化为数学表达式,得

$$F(T) = \frac{1}{1+e^{-\sin T_3}} + \frac{(x_4^2 x_2)\sin(x_2-5.491-1.621)}{x_4 x_1 x_5 + x_3 - x_4}$$

$$+ \sin\left(\frac{1}{1-e^{-(x_2+x_4-8.837x_4)\times 8.941x_2 - \sin(1-e^{-x_3})}}\right)$$

$$+\cos 2.672 + \sin\sin\left(\frac{1}{1-e^{-x_3}}\times(\sin x_4 + x_1) - x_4\right)$$

$$+\frac{1}{1-e^{-\frac{1}{1-x_2}}} \qquad (5.7)$$

其中,

$$M = e^{-\sin[(1-e^{-x_3})\times 3.552(x_2-x_1)]^{-1}}$$

训练结果如表 5.4 和图 5.11 所示;测试结果如表 5.5 和图 5.12 所示。

表 5.4 训练结果(经标准化处理)

序号	目标	模型	残差	序号	目标	模型	残差
1	0.2638889	0.2117476	0.0521413	15	0.3055556	0.4000266	0.0944711
2	0.0972222	0.1106265	0.0134043	16	0.6666667	0.5046851	0.1619816
3	0.3472222	0.3383231	0.0088991	17	0.3472222	0.3192625	0.0279597
4	0.5972222	0.6890997	0.0918775	18	0.5833333	0.5743989	0.0089344
5	0.2222222	0.1431345	0.0790877	19	0.7638889	0.6688180	0.0950709
6	1.0000000	0.9939631	0.0060369	20	0.3888889	0.3589548	0.0299340
7	0.6944444	0.7689801	0.0745356	21	0.5833333	0.4145501	0.1687832
8	0.8375496	0.8066535	0.0308961	22	0.1527778	0.2880625	0.1352847
9	0.2638889	0.2956211	0.0317322	23	0.1165675	0.2772331	0.1606657
10	0.5000000	0.5461008	0.0461008	24	0.5694444	0.3739279	0.1955166
11	0.6111111	0.7360045	0.1248934	25	0.2638889	0.2157353	0.0481536
12	0.4583333	0.5024516	0.0441183	26	0.5138889	0.6366797	0.1227908
13	0.3888889	0.4560967	0.0672079	27	0.6944444	0.6628415	0.0316030
14	0.3750000	0.4449124	0.0699124	28	0.6527778	0.5243960	0.1283818

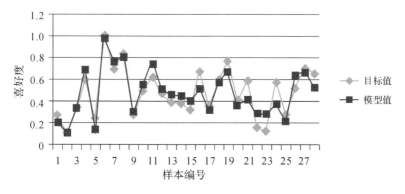

图 5.11 训练结果

表 5.5 测试结果

序号	目标	模型	残差
1	0	0.1882859	0.1882859
2	0.4861111	0.2368690	0.2492421
3	0.2361111	0.2752938	0.0391827
4	0.7638889	0.7007205	0.0631683
5	0.6250000	0.5619804	0.0630196

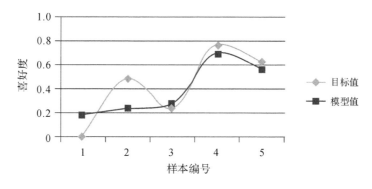

图 5.12 测试结果

GEP 的运行结果如表 5.6 所示。由此可见,GEP 在训练集和测试集上均具有良好的预测性能和鲁棒性。

表 5.6 GEP 运行结果

算法	训练集		测试集	
	RMSE	CC	RMSE	CC
GEP	0.0786	0.8023	0.0892	0.8052

5.5 地板喜好度测评系统

本节以产品材料质感偏好进化认知算法为核心,在 Windows 7 平台下,利用 C++语言,采用 Visual Studio 2008 作为开发工具,用 ORGE 引擎进行图形渲染,开发了地板喜好度测评系统。其核心功能为在相应的窗口中输入样本质感要素的客观测量数据和主观评分数据,系统自动对数据进行处理后,由偏好意象认知算法计算出每个样本的喜好度值,并与样本质感要素信息一起保存在数据库中。系统的应用实现了对地板材质用户偏好意象的预测,为设计师提供了有效的工具。

5.5.1 系统介绍

该系统的主要功能是对地板材质做用户偏好意象预测,用户只需在相应的材质属性编辑界面(见图 5.13)中分别输入样本编号、光泽度值、色相值、明度值、饱和度值、纹理值和粗糙度值,即可进行样本喜好测评;系统还提供样本图片导入后生成该样本三维模型渲染和铺装场景模拟输出的功能,在结果输出界面(见图 5.14)中生成的三维渲染模型可提供 360°旋转视图(由鼠标进行控制),方便用户观察其光泽度与粗糙度。此外,系统还支持样本数据修改和样本数据导出功能,在材质属性编辑界面(见图 5.13)通过修改材质属性参数和样本编号重新预测样本喜好度,在数据列表界面(见图 5.15)中通过勾选相应的样本实现样本列表的导出功能。

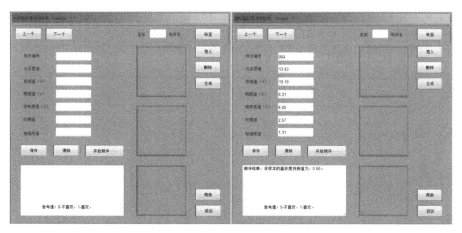

图 5.13　材质属性编辑界面

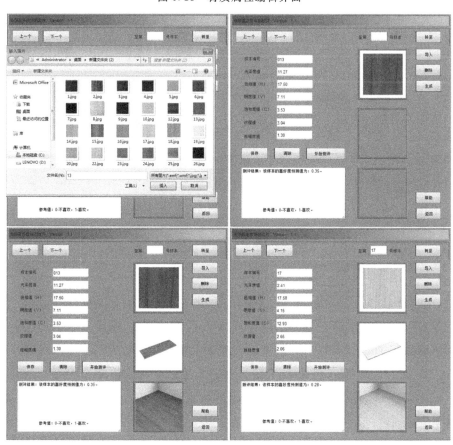

图 5.14　样本三维模型渲染和铺装场景模拟输出界面

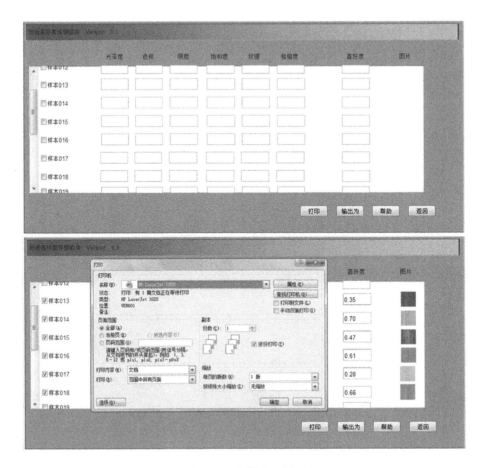

图 5.15　数据列表界面

5.5.2　系统应用案例

该系统已在浙江某地板企业中应用,辅助设计师进行新产品开发。该企业 2012 年 10 款新产品的设计图样如图 5.16 所示。将这 10 款设计图样打样后进行如 3.4 节与 3.6 节所述的实验,得到的数据如表 5.7 所示。

将表 5.7 中 10 个样品的数据分别输入地板喜好度测评系统中,将得到喜好度系统预测得分和表 5.7 中的喜好度实验得分。对两者进行比较,其结果如图 5.17 所示。据企业反馈,根据其中喜好度得分最高的 008 号样品所生产的强化地板产品在 2013 上半年也获得了较高的销售额。

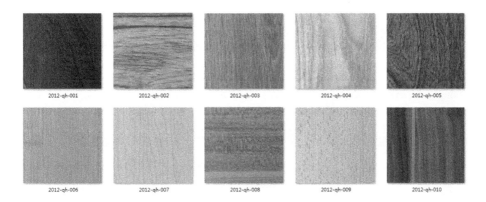

图 5.16　地板设计图样

表 5.7　地板样品实验结果

样品编号	光泽度 X_1	色相 X_2	明度 X_3	饱和度 X_4	纹理 X_5	粗糙度 X_6	喜好度 Y
2012-qh001	8.23	13.23	3.07	8.55	3.42	1.30	0.56
2012-qh002	11.77	12.51	2.85	8.99	3.20	0.98	0.45
2012-qh003	7.73	4.76	2.14	9.57	2.96	1.30	0.51
2012-qh004	16.07	18.38	5.00	10.14	3.22	0.94	0.52
2012-qh005	14.73	19.95	4.28	14.35	2.52	0.77	0.50
2012-qh006	34.35	20.82	5.82	11.02	2.30	0.53	0.59
2012-qh007	9.47	18.23	6.06	5.51	3.56	2.02	0.39
2012-qh008	38.83	17.67	7.17	2.89	2.22	0.31	0.63
2012-qh009	15.13	20.15	4.08	13.76	3.55	0.93	0.39
2012-qh010	52.33	13.31	3.21	14.35	3.01	0.28	0.44

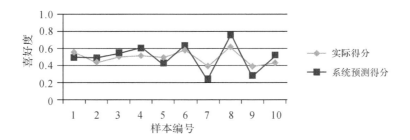

图 5.17　样品喜好度得分比较

5.5.3 系统总结与展望

本章介绍的基于产品材料质感偏好意象进化认知算法的地板喜好度测评系统,就系统本身而言,仍有许多可以提升、修正的地方,还存在以下问题有待解决。

(1) 缺少用户评分模块。目前采用的是先完成主观实验,然后手工输入每个样本得分的操作流程。每个样本均需要一定数量的被试才能得到具有统计意义的纹理得分,需要耗费许多人力、物力、时间,因此效率较低。

(2) 缺少数据批量输入模块。目前采用的是先完成客观实验,然后手工输入每个样本得分的操作流程。无法直接导入仪器测量所得色彩、光泽度、粗糙度数据,因此效率较低。

(3) 目前采用的 GEP 算法,虽然是经过了与 BP 神经网络与支持向量机的比较得出的,但系统的预测可信度仍有提升空间。

(4) 系统目前只能正向地对已有的地板样本进行偏好意象预测,还无法逆向地生成喜好度高的设计图样。

针对以上问题,基于此次的研究基础,笔者认为系统具有如下几个改进和拓展的方向。

(1) 增加网络接口,提供用户在线评分模块。被试者可以通过网页进入系统,在线对样本的纹理进行评分。这样也可以保证被试者的多样性和随机性,使数据更具有统计意义。

(2) 针对不断更新的客观实验仪器,增加批量数据输入模块。对于具备输出条件的仪器(如测色仪),考虑直接在系统内留出接口,将测得数据直接导入系统。

(3) 扩大支撑数据库,使样本数量达到 1000 个以上。

(4) 扩大被试者的人数,使被试者人数达到 200 人以上,并且使年龄、性别、地域、职业、收入、教育背景等尽可能多样化,进而从数据库层面修正预测可信度。

(5) 运用更多的机器学习算法,寻找更合适的算法尝试建模,进一步提升模型可信度。

（6）考虑增加更多具有实际意义的功能模块。例如，根据地板各质感要素和喜好度之间的关系逆向生成新的产品方案；根据每年不同的流行趋势对模型进行修正；等等。

（7）考虑向其他产品领域进行拓展，如家具、手机等。

参考文献

常继科，赵建辉，任新会，等，2007. 支持向量机综述[J]. 光盘技术（2）：4-5.

陈达昌，2009. 材质表面处理之质感意象探讨——以笔记本电脑为例[D]. 台北：台湾科技大学.

成玲，万振凯，臧海英，2002. 基于神经网络的织物风格识别系统探讨[J]. 纺织学报，23(3)：69-70.

成玲，万振凯，张毅，2001. BP 神经网络在织物风格评价中的应用[J]. 天津工业大学学报，20(3)：41-43.

丁世飞，齐丙娟，谭红艳，2011. 支持向量机理论与算法研究综述[J]. 电子科技大学学报，40(1)：2-10.

董彬，郝海涛，徐伯俊，2004. BP 神经网络在毛织物风格评价中的应用研究[J]. 毛纺科技（2）：62-64.

樊振宇，2011. BP 神经网络模型与学习算法[J]. 软件导刊，10(7)：66-68.

高伟，王宁，2008. 浅海混响时间序列的支持向量机预测[J]. 计算机工程，34(6)：25-27.

黄琳，魏保立，2005. BP 网络的泛化能力改进方法及应用[J]. 石家庄铁道大学学报（自然科学版），18(3)：94-96.

黄娜娜，2012. 移动通信中客户信誉评价方法的研究与实践[D]. 上海：东华大学.

简丽如，2002. 产品之材料意象在感觉认知之研究——以桌灯为例[D]. 台中：东海大学.

赖百兴，2003. 透明塑料材质之不同表面处理对产品意象之影响——以口红设计为例[D]. 大同：大同大学.

李翱翔，陈健，2007. BP 神经网络参数改进方法综述[J]. 电子科技（2）：79-82.

李朝静，唐幼纯，黄霞，2012. BP 神经网络的应用综述[J]. 劳动保障世界（理论版）(8)：71-74.

李颖新，阮晓钢，2005. 基于支持向量机的肿瘤分类特征基因选取[J]. 计算机研究与发展，42(10)：1796-1801.

李永锋，朱丽萍，2009. 基于神经网络的产品意象造型设计研究[J]. 包装工程（07）：88-90.

李永锋，朱丽萍，2011. 基于支持向量机的产品感性意象值预测方法[J]. 包装工程（4）：40-43.

廖勇，唐常杰，元昌安，等，2005. 基于基因表达式编程的股票指数时间序列分析[J]. 四川大学学报(自然科学版)，42(5)：931-936.

林开标，王周敬，2006. 基于支持向量机的传真收件人识别方法[J]. 计算机工程与应用(7)：156-158.

刘刚田，曹慧敏，王巍，等，2010. 基于模糊支持向量机的产品造型特征研究[J]. 机床与液压，38(21)：52-55.

刘刚田，宋晓磊，曹慧敏，等，2009. 基于BP神经网络的产品造型设计[J]. 河南科技大学学报(自然科学版)(6)：23-26.

刘弘，刘希玉，2006. 支持外观造型创新设计的进化计算方法[J]. 计算机辅助设计与图形学学报，18(1)：101-107.

刘江华，程君实，陈佳品，2002. 支持向量机训练算法综述[J]. 信息与控制，31(1)：45-50.

刘晓亮，丁世飞，朱红，等，2010. SVM用于文本分类的适用性[J]. 计算机工程与科学，32(6)：106-108.

刘艳侠，高新琛，2007. BP神经网络在材料领域中的应用(综述)[J]. 辽宁大学学报(自然科学版)(2)：116-119.

卢增祥，李衍达，1999. 交互支持向量机学习算法及其应用[J]. 清华大学学报(自然科学版)，39(7)：93-97.

鲁娟娟，陈红，2006. BP神经网络的研究进展[J]. 控制工程，13(5)：449-451.

吕明泉，2002. 触觉与视觉对意象差异研究——以塑胶材质咬花为例[D]. 台南：成功大学.

马轶东，何怡刚，王桓，2010. 运用BP神经网络的电力负荷混沌多步预测[J]. 电力系统及其自动化学报，22(4)：81-84.

彭昱忠，元昌安，麦雄发，等，2011. 基因表达式编程的理论研究综述[J]. 计算机应用研究，28(2)：413-419.

单潮龙，马伟明，贲可荣，等，2000. BP人工神经网络的应用及其实现技术[J]. 海军工程大学学报(4)：16-22.

石夫乾，孙守迁，徐江，2007. 基于模糊关联与BP网络的客户感性知识挖掘[J]. 工程设计学报，14(5)：349-353.

苏建宁，范跃飞，张书涛，等，2011. 基于感性工学和神经网络的产品造型设计[J]. 兰州理工大学学报，37(4)：47-50.

苏建宁，李鹤岐，2005. 工业设计中材料的感觉特性研究[J]. 机械设计与研究，21(3)：12-14.

苏珂，2012. 基于 GEP 的产品材质意象决策方法研究[D]. 杭州：浙江大学.

孙凌云，孙守迁，许佳颖，2009. 产品材料质感意象模型的建立及其应用[J]. 浙江大学学报(工学版)，43(2)：283-289.

田盛丰，黄厚宽，2000. 基于支持向量机的数据库学习算法[J]. 计算机研究与发展，37(1)：17-22.

王书舟，伞冶，2008. 支持向量机的训练算法综述[J]. 智能系统学报，3(6)：467-475.

王晓丹，王积勤，2004. 支持向量机训练和实现算法综述[J]. 计算机工程与应用，40(13)：75-78.

王艳梅，张艳珠，郑成文，2013. 基于支持向量机的人脸识别方法的研究[J]. 控制工程(s1)：195-197.

吴瑕，2010. 基于消费者视觉感性意象的产品材质搭配设计研究[D]. 杭州：浙江工业大学.

徐江，孙守迁，张克俊，2007. 基于遗传算法的产品意象造型优化设计[J]. 机械工程学报，43(4)：53-58.

许佳颖，2006. 产品典型塑料材质意象空间研究[D]. 杭州：浙江大学.

许渊智，2008. 塑料质感应用于产品设计之探讨——以鼠标为例[D]. 台北：台湾科技大学.

杨启星，2007. 感性意象约束的材料质感设计研究[D]. 南京：南京航空航天大学.

蚁平，曹先彬，2006. 基于交互式遗传算法的个性化建筑物外观设计[J]. 计算机仿真，23(5)：156-159.

元昌安，唐常杰，温远光，等，2005. 基于基因表达式编程的智能模型库系统的实现[J]. 四川大学学报(工程科学版)，37(3)：99-104.

张浩然，汪晓东，2005. 支持向量机的学习方法综述[J]. 浙江师范大学学报(自然科学版)，28(3)：283-288.

张克俊，2010. 基因表达式编程理论及其监督机器学习模型研究[D]. 杭州：浙江大学.

赵万芹，2009. 基于 BP 神经网络的产品造型设计评价[J]. 计算机工程与设计，30(24)：5715-5717.

周美玉，李倩，2011. 神经网络在产品感性设计中的应用[J]. 东华大学学报(自然科学版)，37(4)：509-513.

周媛，张颖超，刘雨华，2006. 基于支持向量机的综合评估方法的应用研究[J]. 微计算机信息，22(6)：225-227.

周政，2008. BP 神经网络的发展现状综述[J]. 山西电子技术(2)：90-92.

Bradley P S, 1998. Mathematical programming approaches to machine learning and data mining[D]. Madison: University of Wisconsin.

Burges C J, 1998. A tutorial on support vector machines for pattern recognition[J]. Data mining and knowledge discovery,2(2):121-167.

Choi K, Jun C, 2007. A systematic approach to the Kansei factors of tactile sense regarding the surface roughness[J]. Applied Ergonomics,38(1):53-63.

de Carvalho F M C, 2002. Linear and non-linear genetic algorithms for solving problems such as optimization, function finding, planning and logic synthesis[P]. US Patent 20, 020,169,563.

Doumpos M, Zopounidis C, Golfinopoulou V, 2007. Additive support vector machines for pattern classification[J]. Systems, Man, and Cybernetics, Part B: Cybernetics, IEEE Transactions on,37(3):540-550.

Ferreira C, 2001. Gene expression programming: a new adaptive algorithm for solving problems[J]. Complex Systems, 13(2).

Ferreira C, 2002a. Analyzing the founder effect in simulated evolutionary processes using gene expression programming[C]//Soft Computing Systems-Design, Management and Applications.

Ferreira C,2002b. Gene expression programming in problem solving[M]//Roy R, Köppen M, Ovaska S, et al. , Soft Computing and Industry. Springer:635-653.

Ferreira C,2006. Gene Expression Programming: Mathematical Modeling by an Artificial Intelligence [M]. 2nd ed. Springer.

Groissboeck W, Lughofer E, Thumfart S, 2010. Associating visual textures with human perceptions using genetic algorithms[J]. Information Sciences,180(11):2065-2084.

Han S H, Kim K J, Yun M H, et al. , 2004. Identifying mobile phone design features critical to user satisfaction[J]. Human Factors and Ergonomics in Manufacturing & Service Industries,14(1):15-29.

Hao P, Chiang J, 2008. Fuzzy regression analysis by support vector learning approach[J]. IEEE Transactions on Fuzzy Systems,16(2):428-441.

Hsiao S, Huang H C, 2002. A neural network based approach for product form design[J]. Design Studies,23(1):67-84.

Huang J, Shao X, Wechsler H, 1998. Face pose discrimination using support vector machines (SVM)[C]// Proceedings of the Fourteenth International Conference on Pattern Recognition.

Jindo T, Hirasago K, Nagamachi M, 1995. Development of a design support system for office chairs using 3-D graphics[J]. International Journal of Industrial Ergonomics,15(1): 49-62.

Karana E，Hekkert P，Kandachar P, 2009. Meanings of materials through sensorial properties and manufacturing processes[J]. Materials & Design,30(7):2778-2784.

Karana E，Hekkert P，Kandachar P, 2010. A tool for meaning driven materials selection [J]. Materials & Design,31(6):2932-2941.

Khemchandani R，Chandra S,2007. Twin support vector machines for pattern classification [J]. IEEE Transactions on Pattern Analysis and Machine Intelligence, 29(5):905-910.

Kim H，Cho S, 2000. Application of interactive genetic algorithm to fashion design[J]. Engineering Applications of Artificial Intelligence,13(6):635-644.

Kumar V P, Poggio T, 2000. Learning-based approach to real time tracking and analysis of faces[C]// Proceedings of the Fourth IEEE International Conference on Automatic Face and Gesture Recognition.

Lo I, Chuang M, 2006. The effect of texture of lacquer coating on the Kansei evaluation of plastic products[C]// Proceedings of the 6th Asian Design Conference.

Munir S, Gupta V, Nemade S, et al. , 2002. Face recognition using support vector machines [J]. International Journal of Pattern Recognition and Artificial Intelligence, 16 (1): 97-111.

Osuna E, Freund R，Girosi F, 1997. Training support vector machines: an application to face detection[C]// Proceedings of 1997 IEEE Computer Society Conference on Computer Vision and Pattern Recognition.

Roobaert D, van Hulle M M, 1999. View-based 3D object recognition with support vector machines[C]// Neural Networks for Signal Processing IX. Proceedings of the 1999 IEEE Signal Processing Society Workshop.

Scholkopf B, Sung K, Burges C J, et al. , 1997. Comparing support vector machines with Gaussian kernels to radial basis function classifiers[J]. IEEE Transactions on Signal Processing,45(11):2758-2765.

Shieh M, Yang C, 2008a. Classification model for product form design using fuzzy support vector machines[J]. Computers & Industrial Engineering,55(1):150-164.

Shieh M, Yang C, 2008b. Multiclass SVM-RFE for product form feature selection[J]. Expert Systems with Applications,35(1-2):531-541.

Smola A J, Schölkopf B, 2004. A tutorial on support vector regression[J]. Statistics and computing,14(3):199-222.

Suykens J A, Vandewalle J, De Moor B, 2001. Optimal control by least squares support vector machines[J]. Neural Networks,14(1):23-35.

Wu Z, Li C, Ng J, et al. , 2007. Location estimation via support vector regression[J]. IEEE Transactions on Mobile Computing,6(3):311-321.

Zhou C, Nelson P C, Xiao W, et al. , 2002. Discovery of classification rules by using gene expression programming[C]// Proceedings of the International Conference on Artificial Intelligence.

Zhou C, Xiao W, Tirpak T M, et al. , 2003. Evolving accurate and compact classification rules with gene expression programming [J]. IEEE Transactions on Evolutionary Computation,7(6):519-531.

Zuo J, Tang C, Li C, et al. , 2004. Time series prediction based on gene expression programming[C]//Advances in Web-Age Information Management: 5th International Conference, WAIM 2004, Springer:55-64.

第6章 材料对设计的影响

6.1 材料驱动设计

6.1.1 理论背景

材料在产品设计中占有举足轻重的地位。作为产品设计表达的必要物质基础,大到人类文明进步,小至一款产品的诞生和迭代,材料都在发挥着自身的价值,为人类社会的发展与进步做出贡献。

过去,材料研发和产品设计在不同的学科下各自独立发展,交集甚少。在传统认知中,材料被应用到某一款产品的最主要原因是它的功能适应性能够满足产品需要,如强度、硬度、弹性模量等。这些主要通过仪器测量所获得的属性可以称为材料的物理属性。而早在20世纪80年代,就有日本学者提出与之相对应的概念——材料的"感知属性"。所谓感知属性,是指人可以通过感觉器官感知到并激发生理与心理反应的属性。这些属性包括颜色、质感、声音、气味等。近几年来,材料研发和产品设计已经在很多方面有了交叉,研究人员意识到材料除了能在物理属性上提供自身价值外,还能够在视觉、触觉、嗅觉等方面直接刺激用户,无论是新材料提供的其他可能性,还是将传统材料与现有产品进行巧妙的结合,都有可能赋予产品全新的魅力,带给用户不一样的产品体验(左恒峰,2010)。一种新材料的广泛应用不仅依靠自身的物理属性,还取决于材料的感知属性(Manzini,1989),有意义的材料也会使产品变得更有魅力。

当传统的材料专家和艺术、设计、建筑等领域的专家仍在凭借自身经验为预期产品寻找合适的材料时，另一部分研究人员则开始联合其他领域的专家，把更多的注意力放在了材料的感知属性上。荷兰代尔夫特理工大学工业设计工程学院的 Elvin Karana 提出了材料体验（materials experience）一词，希望材料在提供基础物理属性的同时，还可以带给用户感官上的满足，激发用户的情感，并向他们传递产品的意义，以此来丰富产品的用户体验。Karana 最开始将材料体验分为三个部分：感官体验（如材料给人以光滑、闪亮等感觉）、风格体验（如材料给人以现代感、复古感或者冷酷感等）及情绪体验（如材料让人觉得温暖、有趣、惊讶等）。2009 年又提出了意义驱动材料选择（meaning driven materials selection）方法（一种帮助设计师更合理地挑选材料的方法），而后又进一步将其发展。2015 年，Karana 等在材料体验理论的基础上补充了第四点——表现体验（即材料在产品的塑造方式上带给人的感觉），并正式提出了以材料为中心的"材料驱动设计"（material driven design，MDD）理论（Karana et al.，2015）。该理论认为，当材料是设计的出发点时，设计师需要充分了解材料的物理属性和感知属性，才能确定大致的应用方向，并创建适合材料的使用场景，突出材料对用户体验的有益影响，最后思考产品的雏形。下面将通过几个具体案例来详细介绍 MDD理论的应用。

6.1.2 材料驱动设计案例

（1）案例一：菌丝体材料的研究及应用

本案例是荷兰代尔夫特理工大学硕士生 Davine Blauwhoff 以材料驱动设计理论为指导方法进行的为期六个月的研究，该研究为菌丝体这一特殊的新型生物材料寻找了合适的产品应用场景，并得到了一个有意义的产品（Karana et al.，2018）。

该研究首先引入"成长设计"（growing design）这一概念（Camere et al.，2017；Ciuffi，2013）。成长设计指的是将生物有机体看作一种可培养生长的材料，在培育过程中对材料成分及比例进行必要的调整，实现独特的物理属性和感知属性（见图 6.1），这一加工过程也称作材料的"修补"过程。通过成长设计,设计师可以与生物有机体合作,引导它们生长,创造出适合材料特性的概念产品。之所以说是"合作",是因为在这个过程中,材料是作为设计的参与者参与到产品的整个设计过程中去的。成长设计也是在材料驱动设计理论指导下的具体设计方法之一。

　　菌丝体材料是一种真菌营养部分的网络状结构组织。在适当的生长环境下,菌丝体材料一般有两种培育方法:①将菌丝体放在营养液中获得纯菌丝体材料;②将菌丝体与其他基底混合,得到复合型菌丝体材料。复合型菌丝体材料无论是在成本还是在材质、性能等方面都要优于纯菌丝体材料。另外,就如同不同的高分子化合物和添加剂会产生不同特性的塑料一样,用不同的物质作为基底也会获得质感、性能各不相同的复合型菌丝体材料。

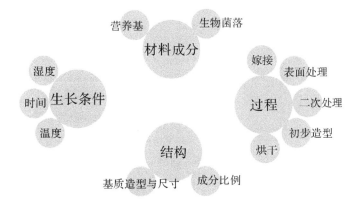

图 6.1　Davine Blauwhoff 为材料修补过程提出的材料分类法

　　用来探究不同物质作为基底对菌丝体材料材质影响的一系列实验如图6.2所示。实验材料包括面包颗粒、香蕉皮、咖啡渣、发泡胶粒、花、橙皮、胡萝卜叶、纸板和稻草等不同物质。实验主要观察了以下三个方面的情况:①菌丝体在有机材料与无机材料上的生长能力;②基底的类型如何影响菌丝体生长的速度与密度;③基底颜色对最终材料颜色的影响程度。

　　实验发现,并非每种基质都适合菌丝体生长,不同基底中不同种类真菌的生长速度和密度也各不相同。虽然目前还不清楚这些基底具体是如何影响菌丝体生长的,但通过观察不同物质作为基底所产生的不同生长结果,Davine Blauwhoff 大致确定了适宜菌丝体的生长条件。从实验中得到的一些影响菌丝体材料生长的因素及其结果如表 6.1 所示。

(a) 作为基底的不同物质   (b) 生成的不同菌丝体材料

图 6.2　探究不同物质作为基底对菌丝体材料材质影响的实验

表 6.1　影响菌丝体材料生长的因素及其结果

因素	结果
菌丝体种类	栓菌属比裂褶菌属生长得更好
基质种类	农业废弃物和果蔬皮为最佳基质
结构密度	不同基质得到的菌丝体密度亦不相同
温度	最佳生长温度为 25～30℃
湿度	63％环境湿度更有利于培育
生长周期	三周左右
外观	可通过模具生长或通过热压缩控制
烘干温度	微生物最高可以承受 60℃
表面处理	加热可以改变表面颜色

经过上述一系列加工实验后，Davine Blauwhoff 选择以基底种类（纤维与谷物）和压缩工艺（不压缩、热压缩和冷压缩）作为两个变量进行具体实验，探究加工工艺对材料感知属性与物理属性方面的影响。感知属性包括人对该材料表现出的心理感受和该材料所能表达的意义等方面；物理属性包括材料的导热系数、强度、易燃性、耐水性、密度和激光切割材料等性能。加工后得到的菌丝体材料样本如图 6.3 所示，左侧为单个样本，右侧为多个样本叠加。

图 6.3　加工后的菌丝体材料样本

在探究感知属性时，Davine Blauwhoff 邀请了一些非设计专业的志愿者近距离接触这些材料样本。志愿者们需要通过触摸、挤压、观察、嗅闻等方式近距离体验并记录这些材料带给他们的心理感受，同时对其可能的应用场景及方式进行"头脑风暴"。这些志愿者一致认为这些材料具有轻、硬、脆的特征，并且给它们贴上了"纯天然、有机物、纯手工"的标签。采用不同加工工艺得到的菌丝体质感是不同的，而不同的质感也对应了不同的感知属性。因此，加工工艺会影响材料的物理属性，材料的感知属性也会相应发生改变。另一个有趣的现象是，在互动过程中，菌丝体不规整的粗糙边缘使志愿者们普遍产生了一种想要将它们撕毁的破坏欲。

另外，Davine Blauwhoff 还邀请了 10 名设计专业的学生按照自己的见解（包括触、闻、看所得到的感受）对 42 种材料进行自由分类并说出分类依据。如图 6.4 所示，左图中包含了两种菌丝体材料（即图 6.3 中泡沫状的无压缩谷物和片状热压缩纤维）。分类结果显示，不同加工工艺得到的两种菌丝体被分到了不同类别下。

为探究菌丝体材料的物理属性，Davine Blauwhoff 对六种菌丝体样本进行了五次测试，以评估其导热系数、强度、易燃性、耐水性、密度和激光切割材料的能力，并与中密度植物纤维板、棕榈叶、软木和泡沫塑料进行了对比。实验结果显示，不同菌丝体在物理属性方面的差异主要由加工工艺造成。例如，无压缩的菌丝体强度不高，但具有较好的绝缘性能；而热压缩后的菌丝体强度较高，但绝缘性较差。拉伸对比试验的结果如图 6.5 所示。

图 6.4　分类实验及其所使用的样本

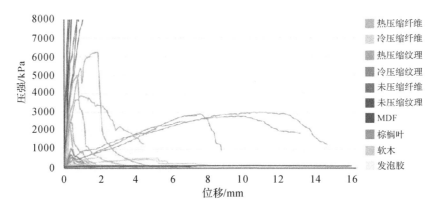

图 6.5　菌丝复合材料与其他材料的拉伸试验结果比较

综上所述,菌丝体作为一种生物材料,大多使用农业废弃物和可降解的自然材料为基质,基质容易获得且具有较高的环保性。材料表面肉眼可见的纤维和不规则感赋予了它自然、环保的感知属性。纯天然的特性使它在被废弃后依然能够融入自然,契合绿色设计概念。菌丝体材料通过加工可以直接生长成预期的造型,这在很大程度上避免了材料成型后的二次加工,保留了材料的完整性。良好的厚度和绝缘性也证明了它优异的保护性。所有的这些特性都为它的应用提供了基本的思路和概念。

所以,在对菌丝体的物理属性和感知属性有了一定程度的了解后,结合感知属性实验中的意外发现——菌丝体材质会引发用户将其撕毁的破坏欲,Davine Blauwhoff 将其应用于一个名为"第二皮肤"(second skin)的红酒包装设计项目:将红酒瓶作为菌丝体的"生长架",菌丝体围绕其生长,最终将红酒瓶完全包裹其中,用不同的模具控制其外在的造型。具体步骤如下(见图 6.6):①对红酒瓶进行 3D 建模(比实际尺寸厚 1cm 左右);②用数控机床铣削出泡沫材质的实物模型;③制作内部真空的最终模具并将菌丝体定植入模具内部并放入酒瓶,放置一周,待菌丝体在模具内生长成型;④将产品取出并保存在干燥室温下,最终实物如图 6.7 所示。菌丝体带给用户的破坏欲让用户在接触产品的那一刻就想立刻拆开它,并带来一种拆礼物的仪式感,而废弃之后的包装也非常容易融入自然,不会造成环境污染。

图 6.6　"第二皮肤"红酒包装设计的具体步骤

(2)案例二:巧克力材质咖啡馆

相信许多人在读过罗尔德·达尔的小说《查理和巧克力工厂》后,都会对威利·旺卡用巧克力建造的世界留下深刻的印象,而本案例中来自普林斯顿大学土木与环境工程专业的研究团队(包括 Alexander Jordan、Sigrid Adriaenssens、Axel Kilian、Mark Adriaenssens 和 Zachary Freed 五位成员)则挑战性地使用巧克力作为建材来建造一个咖啡馆(Jordan et al.,2015)。

巧克力作为一种食物已经被食品专家研究得相当透彻,但作为一种建筑材料,人们对它的了解还很少。设计团队首先测试并比较了两种复合型

图 6.7 "第二皮肤"红酒包装最终实物

巧克力(复合型是指配料中含有除可可脂以外的其他植物脂)的相关成分,其结果如表 6.2 所示。其中,HMP(high molecular polymer,即高分子聚合物)在此处代指氢化棕榈仁脂肪,这种脂肪是一种常见的代可可脂,LMP(low molecular polymer,即低分子聚合物)是指用低熔点变体替换了三分之一氢化棕榈仁脂肪后得到的物质。这两者都属于植物脂肪,也是最有可能作为建材使用的两种巧克力。

表 6.2 两种复合巧克力成分表

种类	配料表/%				
	糖分	可可粉	脂肪	牛奶	叶黄素
HMP	57.77	7.97	30.03	3.98	0.4
LMP	57.64	7.95	29.88	3.97	0.41

随后对两种巧克力进行了单轴压缩试验,比较了这两种材料的强度和杨氏模量(见图 6.8)。结果表明,HMP 比 LMP 强度更高、硬度更大,在制造过程中也更稳定,更易于处理。从总体上看,HMP 的性能优于 LMP。

另外,将 HMP 与衍生出的其他四种颗粒状配料做了比较,发现 HMP

(a)　　　　　　　(b)　　　　　　　(c)　　　　　　　(d)

图 6.8　单轴压缩试验

仍然是这几种材料中最好的选择。HMP 的部分物理属性如表 6.3 所示。可以看出,HMP 巧克力无论是在强度、密度还是在杨氏模量上,都远不如传统建材。HMP 巧克力材料与普通工程材料部分性能的对比数据如表 6.3 所示。

表 6.3　HMP 巧克力与普通工程材料部分性能对比

物理属性	钢	混凝土	HMP 巧克力
强度/(N/mm^2)	413	27	0.6
密度/(kN/m^3)	76.98	23.56	12.9
杨氏模量/(kN/m^2)	199E6	29E6	45E3
极限拉伸应力/(kN/m^2)			1.0
屈服极限/(kN/mm^3)			0.6
蠕变黏度/(Pa/s)			2.66E11

在空间结构的探索阶段,设计师们分别测试了气动结构、倒枝结构、柔性框架上的鞍形结构和倒挂式网状结构四种结构。

气动结构(见图 6.9)是指将巧克力浇覆在气球表面,待巧克力凝固变硬后即可得到的造型。但这种结构造型不够美观,在受力方面也有诸多局限性,不适合规模较大的造型结构。

倒枝结构(见图 6.10)如同一棵倒过来的树的枝丫,将巧克力浇覆在提

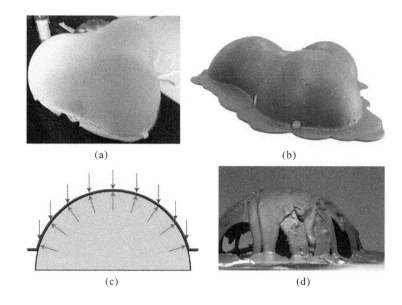

图 6.9　气动结构

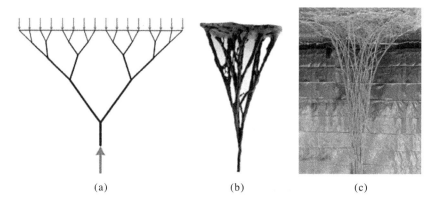

图 6.10　倒枝结构

前做好的树枝造型的框架上,待巧克力冷却凝固即可。这种造型在受力方面优于气动结构,但巧克力材料的低黏度以及规模较大时,该结构空间上的屈曲(结构失稳的极限载荷)问题目前难以解决。

柔性框架上的鞍形结构(见图 6.11)是类似于马鞍形状的一种抛物双曲面。用木质结构支撑住一块弹性织物,然后将巧克力浇覆在上面,凝固后形成一个类似马鞍的壳体。该结构在设计施工中有很广泛的应用。但由于巧克力的黏度较低,该造型结构在大规模建造时难以操作。

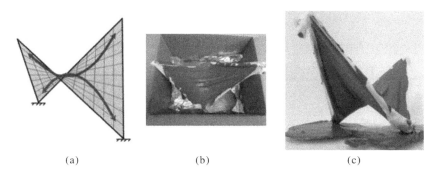

(a)　　　　　　　　(b)　　　　　　　　　(c)

图 6.11　鞍形结构

将一块网布的四个角固定,然后浇注巧克力,凝固后倒过来就会形成一个类似头盔的壳体造型结构,这种造型结构称为倒挂式网状结构(见图6.12)。这种双曲性质的壳形结构有效避免了弯曲应力和局部单元屈曲等受力问题,是建造咖啡馆的最优造型结构。

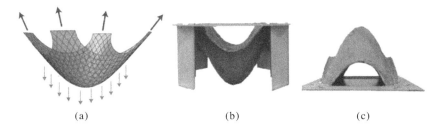

(a)　　　　　　　　(b)　　　　　　　　　(c)

图 6.12　倒挂式网状结构

最后,设计师们认为倒挂式网状结构最适合用来建造咖啡馆,它较轻的网布材质可以有效减少壳体自重,模块化方式可以有效解决大规模建造所带来的各种问题,如可以降低设计风险,提高产品可靠性,等等。只要在实际建造过程中注意相关工程问题,理论上是可以实现咖啡馆的整体搭建的。他们试图建造一个1∶6的实物模型来验证推测,进行了如图6.13所示的参数化设计并得到相应模型。

接下来,在严格控制成本和卫生的条件下,开始在工厂制作相关模块和模具(见图6.14)。其中,(a)、(b)为相关模块;(c)为整体模型;(d)为包装纸封装的模具;(e)为该模具及其倒模出的巧克力模块;(f)为正在模具中制作的模块;(g)为制作好的模块;(h)为模块的基本框架。咖啡馆模型的搭

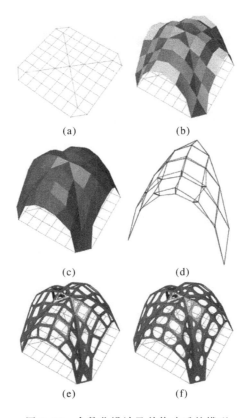

(a)

(b)

(c)

(d)

(e)

(f)

图 6.13　参数化设计及其修改后的模型

建现场保持 20℃恒温,制作好的模块一运到,就会立刻按照预定的规划拼装在一起。搭建好的巧克力咖啡馆最终模型如图 6.15 所示。

虽然这个巧克力咖啡馆还没有 1∶1 地被真正建造出来,但这个案例在材料的结构表达和审美价值方面的探索仍然具有很重要的意义。虽然我们可以用传统的建材如水泥、油漆去模仿巧克力的外观,但试想一下,当你处在一个由真巧克力所建造的咖啡馆中,会有怎样的心情? 而这也正是材料的感知属性带给我们情绪体验的美好感受。

6.1.3　小　结

材料驱动设计是近几年才被提出的一种新型设计方法,它是对材料体验设计的总结和发展,强调设计师应该更全面地去了解材料的各个方面,包括材料性能、加工手段和制作方式等,为材料找到更合适的应用场景。

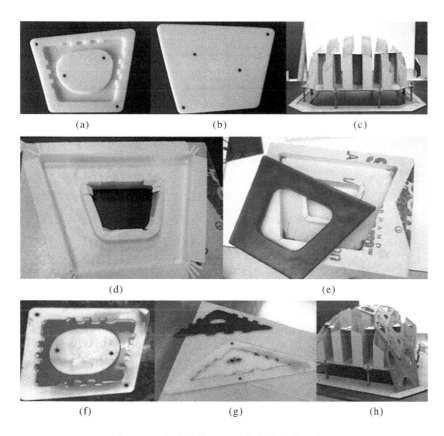

图 6.14　咖啡馆模型用到的相关模块和模具

图 6.15　咖啡馆最终模型

　　在案例一中,设计师并没有在一开始就为菌丝体确定一个明确的应用方向,而是首先对材料本身进行了深入了解。菌丝体属于新兴生物材料,划分归属尚不明确,所以设计师花费了大量时间去了解菌丝体的材料性能,尤其是物理属性,并与传统材料进行了对比,从而有了初步定位。设计师通过加工实验深入地了解了菌丝体材料的物理属性和感知属性以及它们之间的关系;经过对材料进行加工试验,也找到了适合材料的加工工艺(压缩和加热)。整个探索过程的侧重点一直是如何更了解菌丝体。最后,设计师根据它各方面的特性确定了应用方向,认为菌丝体在礼品包装上具有很大的发挥空间,于是才有了"第二皮肤"项目。这个案例在探索过程中严格遵循了材料驱动设计理论的设计思路。

在案例二中,设计师采用的则是另外一种思路,在探索之初就确定了设计方向,提出要用巧克力作为建材,建造一个咖啡馆。于是设计师将巧克力的物理属性和传统建材进行了对比分析,对巧克力进行加工实验;并努力寻找适合的巧克力作为一种建材的物理结构,以保证方案的实际可操作性。相比较于案例一中菌丝体这一新兴材料,巧克力已经在人们心中有了一个固定印象——食材。但没有人规定巧克力只能吃、不能用,正如塑料在应用之初,被大家认为一定不能做汽车、房子一样。跳出刻板印象,将巧克力当作建材本身就是为材料寻找合适应用场景的一种新探索,这也符合材料驱动设计理论的最终目的。

材料驱动设计理论虽然强调发掘材料的感觉特性,但并没有规定材料一成不变,其最终目的都是希望提升产品的用户体验。当物质生活得到极大丰富时,人们更看重的是产品在精神层面带给他们的体验。材料的感知属性作为产品影响用户体验的原因之一,一旦有了足够的精神意义,产品能带给用户的体验也就更好。传统的设计过程是从设计到材料,材料驱动设计理论则是强调从材料到设计,但是我们发现其实材料驱动设计理论的这种关系不是单向的,设计与材料之间存在双向互动:设计的过程会对材料提出要求,材料的应用也会对设计提出要求。这符合材料驱动设计理论中所说的材料要参与整个设计过程。

6.2　木材的情感属性

6.2.1　理论背景

木材作为自然环境的产物,一直为人们所利用。在自然资源日益枯竭、人类需求发生变化、科学技术不断进步的今天,木材以其特有的固碳、可再生、可自然降解、美观和调节室内环境等天然属性,为人类带来自然、温暖的居住环境。与其他材料相比,木材具有重量轻、弹性好、耐冲击、纹理色调丰富美观、加工容易等优点。木材还具有强度-重量比高和加工能耗小等加工特性,这些特性使其从单一原始材料逐渐发展到一个庞大的新型木质材料家族,从而为建筑、室内、产品等设计提供了有利于人类居住的绿色材料。

在欧洲,一项名为"健康之家"的新运动正在悄然兴起并走向全世界。它的出现源于人们对环境越来越高的关注度以及对个人和家庭健康逐渐增强的需求度(Spetic et al.,2005)。如今人们开始了解并愈发重视室内环境对用户健康可能产生的影响,而当前大多数研究的重点都在用户的生理健康上(Godish,2000;Shaw et al.,2001;Small,1983),忽略了心理健康。研究环境与人们健康的关系,有助于为用户打造健康合理的生活环境,而木材作为建筑设计和室内设计等领域中常见的优质材料,在加工后具有很大的美学优势,有助于营造出这样的生活环境。一般而言,用户对室内环境的感觉主要由室内装潢所用材料的质感所呈现。在室内设计时运用某些特定的材料可能会创造一个特定的环境,但这在一定程度上也取决于消费者的个人喜好。

6.2.2　木材情感属性研究案例

(1)案例一:室内木制品对用户心理的影响

本案例介绍的是加拿大福林泰克(Forintek)公司行业顾问 Rice 等(2006)的研究。他们认为,木材等天然材料区别于钢铁、混凝土等工业材料,在室内设计中更多地使用木质产品可能会对用户的情绪产生积极影响,有益于人的身心健康。为了验证这一推断,Rice 等采用 Q 分类方法、个人访谈以及调查问卷三种方法对 119 个人的样本进行了研究分析。

Rice 等采用 Q 分类方法,让 119 位参与者把 25 个房间的照片分为三类,评级最高的六个房间(编号分别是 10,18,12,20,4 和 24)与评级最低的五个房间(编号 14,13,5,22 和 11)存在显著差异,剩余的 14 个房间被归类为一般。

在 Q 分类实验后进行的个人访谈环节,Rice 等向 40 名受访者展示了三幅标准的房间图片,分别是现代风格的 8 号房间、传统风格的 9 号房间和乡村风格的 10 号房间,并列举了受访者必须回答的五个问题,如表 6.4 所示。

表 6.4　受访者必须回答的五个问题

序号	问题
1	看这个房间时,您想到的第一个形容词是什么?
2	根据您从该房间感受到的氛围,请您对房间做一个整体评价。
3	您认为这个房间里有哪些积极因素?
4	您认为这个房间里有哪些消极因素?
5	在您看来,创造一个理想且宜居的房间最重要的因素是什么?

访谈结果显示,大多受访者表示,看到 8 号房间的第一反应是"冷漠感"和"现代感"。受访者对 9 号房间的采光和盆栽反应良好,但不喜欢其单调、拥挤和老旧的风格,大多受访者的第一反应是"温暖的",其次是"过时的"。10 号房间的乡村风格是最受欢迎的,这个房间重点围绕植物盆栽、自然采光以及室内外结合这几个点进行设计,尽管一些受访者认为乡村风格的房间采光不佳,但"温暖的"和"木质感"仍然是受访者们最先想到的形容词。

当问及受访者理想中的房间情况时,研究人员得到了各种各样的回答。受访者理想房间的影响因素及其重要性如表 6.5 所示。从中可以看出,近一半的受访者认为颜色是最重要的因素,其中 21% 受访者着重强调了温暖度;约 42% 的受访者强调亮度的重要性;约 28% 的受访者明确提到对自然采光的需求。在最常见的十大反应中还包括对木制品和植物的需求。

表 6.5　受访者理想房间的各种因素重要性

因素	颜色	亮度	舒适度	自然采光	家具	木制品	温暖度
回复百分比	49.6%	42.0%	27.7%	27.7%	25.2%	15.1%	21.0%

因素	窗户	空间	整洁度	植物	空间布局	开阔度	拥挤度
回复百分比	18.5%	16.0%	10.9%	13.4%	13.4%	10.1%	12.6%

注：由于部分受访者提供了多个回复，所以其总数超过 100%。

该研究的最后一部分是要求 119 名受访者完成一份自填问卷。从而得到用户对不同材料的感受、家具风格及陈设位置的喜好等相关信息。

Rice 等参考受访者的意见，列出相应的形容词汇（如"温暖的""自然的""亲切的""放松的""吸引人的""流行的""现代的""新颖的""人造的"）来描绘材料的感知属性，受访者需要判断这些材料（如木材、陶瓷、石材、皮革、塑料、玻璃、油漆表面和壁纸）应用在不同的产品上所表现出来的感知属性。产品若具备上述感知属性则＋1 分、不具备则－1 分，其他情况不得分。各属性平均得分如图 6.16～6.18 所示（分别为木材与其他天然装饰材料、其他人造材料和其他墙壁材料的感知属性对比）。

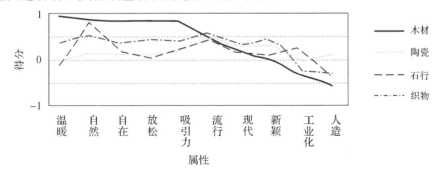

图 6.16　木材与其他天然装饰材料的感知属性对比

木材与其他天然装饰材料（陶瓷、石头和织物）的感知属性对比如图 6.16 所示。在温暖、自然、自在、放松、吸引力等属性方面，木材的得分高于其他材料，但在新颖、工业化、人造属性方面，其得分低于其他材料。在流行、现代属性上，木材的排名与其他材料相当。

木材与其他人造材料（塑料和玻璃）的感知属性对比如图 6.17 所示。

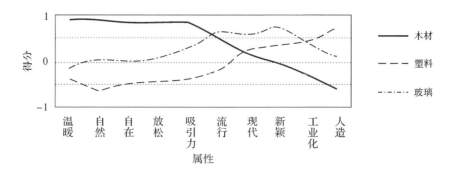

图 6.17　木材与其他人造材料的感知属性对比

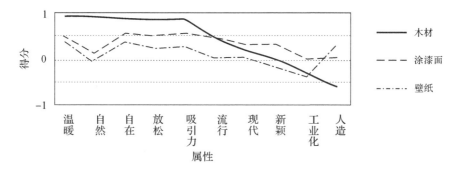

图 6.18　木材与其他墙体材料的感知属性对比

木材在温暖、自然、自在、放松、吸引力等方面的得分远高于这两项。玻璃被认为是最现代的,它和塑料比木材更具现代感、人造感。在这项研究中,塑料是所有材料中最具人造感的。

　　木材与其他墙体材料(涂漆面和壁纸)的感知属性对比如图 6.18 所示。木材再次在温暖、自然、自在、放松、吸引力等属性上得分最高。壁纸在除人造外的所有属性中得分最低,而涂漆面在现代、新颖、工业化、人造方面得分高于木材。

　　此外,在问卷后半部分还有针对木材的具体问题,请受访者说出他们心目中木材所具有的最重要的特征以及在室内使用木制产品(相较于其他材料)的优先度。

　　71 种答案中最常见的六种回答如表 6.6 所示。结果表明,大多数人都认为木材是一种温暖、自然且有吸引力的材料。

表 6.6　室内应用中使用木材的属性(按参与者的百分比排序)

属性	占总回答的百分比
温暖	46.6%
自然	33.6%
吸引力	26.7%
耐用性	17.2%
硬度	15.5%
颜色	10.3%

调研结果显示,除了墙体材料外,木材似乎在所有家庭用品中都很受欢迎,受访者们十分乐意使用木制的餐厅家具、门、橱柜、地板和卧室家具等家庭用品。受访者在购买木制品时,考虑最多的因素是质量、耐用性,这两项排在价格、美观、环保等所有因素之前。这项研究探讨了人们对木材的主观感受,其结果表明,人们对木材似乎有一种与生俱来的感觉——温暖、自在、放松、自然、吸引力。大量运用木材的房间的确可以对用户的心理和情绪产生积极的影响。

(2)案例二:基于多模态感知的木材材料特性研究

众所周知,舌头具有味觉感知能力,鼻子具有嗅觉感知能力,耳朵具有听觉感知能力,而眼睛具有视觉感知能力。如果每一种单独的感官都是一种模态,感官的感知即模态的感知,多种器官协调感知就被称为多模态感知(multimodal)。

以往,关于材料特性的多模态感知研究一般将两种模态进行对比,寻找两种模态之间的相互作用,如视觉与触觉,视觉与听觉,等等。比如人们在挑选西瓜时,一般会先用眼睛去看,观察西瓜的整体大小及颜色纹理;用手触摸并敲打西瓜,感知西瓜的手感;用耳朵去听敲打发出的声音,最后对西瓜有整体判断,然后才会选择是否购买——这其实就是一种多模态感知产品属性的方法。由此也可以看出,人在感知材料时运用到的感官不止一种。

本案例介绍的是日本筑波国立先进工业科学技术研究所(National Institute of Advanced Industrial Science and Technology,AIST)人类技术研究部的研究人员 Waka Fujisaki 在 2014 年的一项研究。此前的研究大多从 1~2 个模态出发研究材料的感知属性,模态数量从未超过 3 个。在本案例中,Fujisaki 等(2015)尝试从三种不同模态(视觉、听觉和触觉)出发,研究材料的感知属性,以木材为实验样本,探究是否可以同时在三种不同的感知模式中找到相同的材料情感属性。

此次实验有 50 名青年受访者参加,所有人都是惯用右手且视力和听力正常。实验中用到的 22 种木材样本如图 6.19 所示,这些材料包括 18 种实木木板[见图 6.19(a)和(b)]以及四种合成木板[见图 6.19(c)]。所有样本一式两份,尺寸为 120mm×60mm×9mm,分成 1、2 两组,用于后续实验。

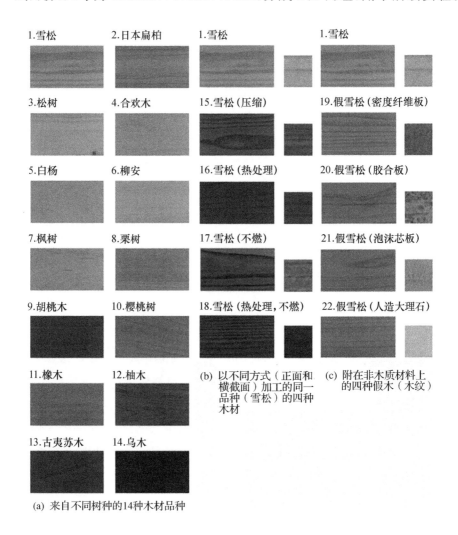

图 6.19　用到的 22 种木材样本

另外包含一份七点量表问卷。

在视觉实验中,受访者通过电脑屏幕观察 22 个样本。

听觉实验在一间隔音的房间里进行。发声装置如图 6.20(d)所示。每个样本都被记录了 10 次声音且都保留了原有的振幅(振幅本身也可能包含一些关于材料特性的信息)。受访者根据听到的声音选择相应的形容词并对形容词等级进行评分;22 种样本在被敲击时的声谱图及其声音波形如图 6.20(a)、(b)和(c)所示,样本排列顺序与图 6.19 一致。

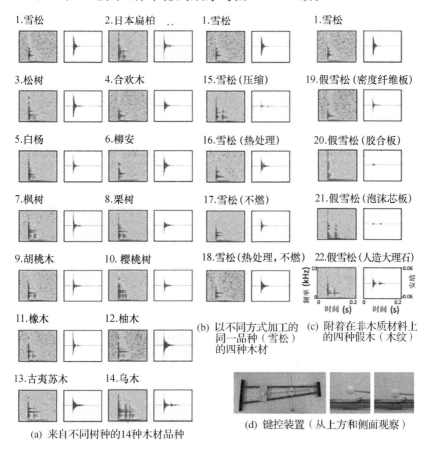

图 6.20　22 种图片物的频谱图和声波

在触觉实验中,由计算机随机挑选受访者接触的样本编号。实验过程如图 6.21(b)和(c)所示。受访者从分隔屏的另一侧用右手食指触摸盒子中的样本并判断材质。实验用的小盒子如图 6.21(e)所示。

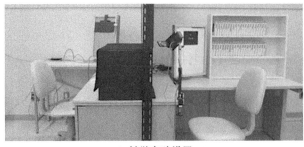
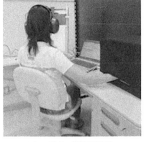

(a) 触觉实验设置　　　　　　　　　　　(b) 参与者侧视图

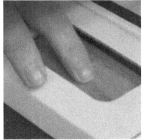
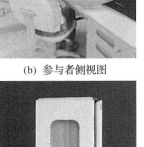

(c) 实验人员侧视图　　　　(d) 指尖扩展　　　　(e) 触觉实验案例，顶部
　　　　　　　　　　　　　　　　　　　　　　　　　有一个打开的窗口

图 6.21　触觉实验设置

　　实验结束后，受访者需要填写一份问卷，根据对材料的熟悉程度和感受选择相应的形容词表达他们的情感，并在七点量表中评估这些词对每个样本的适用程度。实验中使用的视觉、听觉、触觉和情感词如表 6.7 所示。三种模态的实验用 1、2 两组样本重复了两次，总共六次小实验。

表 6.7　实验中使用的视觉、听觉、触觉和情感的形容词

模态	形容词	模态	形容词
视觉属性	哑光面—光滑面	听觉属性	沉闷—响亮
	暗淡面—光亮面		浑厚—尖锐
	阴沉面—清晰面		混音—纯音
触觉属性	粗糙的—光滑的	情感属性	人造的—自然的
	冰冷的—温暖的		廉价的—昂贵的
	柔软的—坚硬的		脏的—整洁的
	轻盈的—沉重的		老旧的—崭新的
	干燥的—潮湿的		悲伤的—愉快的
	稀松的—稠密的		易碎的—坚固的

Fujisaki 等用因子分析法（factor analysis）对实验结果进行分析，判断三种模态对同一样本材料的情感属性评价是否存在差异。通过分析得到的情感特性分布如表 6.8 所示。结果显示，即使单独进行视觉、听觉和触觉评估，三者对木质材料情感属性的评价也是相似的。

表 6.8　视觉、听觉和触觉中情感形容词的因子分组

因子	视觉	听觉	触觉
因子 1	**昂贵的，坚固的，稀有的，有趣的，精致的，真材实料的**	崭新的，洁净的	崭新的，洁净的，真材实料的
因子 2	**愉快的，轻松的，喜欢－讨厌，洁净的，崭新的**	昂贵的，坚固的，稀有的，精致的，有趣的	昂贵的，坚固的，稀有的，有趣的，精致的
因子 3		轻松的，愉快的，喜欢－讨厌，真材实料的	轻松的，愉快的，喜欢－讨厌

注：粗体表示该形容词在三种模态中都出现了。

随后运用多元回归分析法（multiple regression analysis）探究与情感属性相关的感知属性。结果显示，不同材质表面对应的感受不一样。

最后通过观察参与者间相关分析（inter-participant correlation analysis，IPC）的数值，了解判断者的感知水平。IPC 值越高的形容词，其感知水平越低；IPC 值越低的形容词，其感知水平越高。IPC 值与感知水平成反比。

对于视觉来说，"暗淡的"与"光亮的"、"沉闷的"与"响亮的"、"粗糙的"与"光滑的"IPC 数值总体较高，属于低水平感知属性；"冰冷的"与"温暖的"、"稀疏的"与"密集的"、"柔软的"与"坚硬的"IPC 数值较低，属于高水平认知属性。

为判断使用不同的材料进行测试时，是否也能观察到类似的结果，Fujisaki 等以石头为样本，做了一个对比实验。

石头和木材在相同条件下获得的实验结果（14 个参与者的平均相互关系）如图 6.22 所示。从图中可以看出，石头和木头之间的实验结果是不同的。这表明，这种模式的实验结果可能只针对木材。

本案例中仅仅一个对比实验显然是不够的，今后的研究应着眼于探究

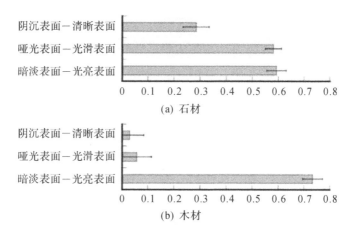

图 6.22　相同条件下石材与木材的实验对比结果

本案例的研究结果是否可延伸到其他类型的材料。

6.2.3　小　结

本节通过两个案例,介绍了人们在接触木制产品时的心理感受,研究结果基本印证了两位主要研究人员的猜想——木材这种特殊的材料会对人们的心理产生积极影响;而人们在接触木材的过程中,无论是用单一感官还是用多感官去感受,其结果差异都不会太大。

6.3　材料温暖度

6.3.1　理论背景

用户体验在当今设计中越来越重要,而材料是产品表达的物质基础,不同材料的感知属性不同,带来的用户体验也是不同的。从字面意义来看,所谓材料温暖度指的是人们在生理上对于材料表面温度的感受。温暖度是人通过视觉和触觉得到的主观感受,通常温度越高,觉得越温暖,温度越低,觉得越冰冷。然而这种定义下的温暖度受到两种因素的影响:材料所处环境的温度以及材料本身的热性能(thermal behavior)。其中,材料的热性能包括热容、热膨胀和热传导三个方面,而热传导率经常被用来描述材料表面温暖程度。长期放置在同一空间的木头和金属,两个材质的温度应该是一样的,但是,当我们看到并接触它们,通常会感觉木头相较于金属更暖和。这是因为金属热传导更快。因此,此处的温暖度更多的是指人们在心理上对材料的感受,类似于冷色调和暖色调带给人的心理暗示,并不涉及具体温度数值。

6.3.2　材料温暖度案例

在本案例中,来自布鲁塞尔大学建筑工程系的 Lisa Wastiels 及其团队成员(包括 Hendrik N. J. Schifferstein、Ann Heylighen 和 Ine Wouters)着重研究了颜色和粗糙度对材料温暖度的影响(Wastiels et al.,2012)。

研究人员计划从触觉和视觉两种感知出发,研究材料颜色和粗糙度对材料温暖度的影响。在此之前,需要进行预实验,得到单个变量对温暖度的影响,为后续主实验打下基础。

研究团队选用无机磷酸盐水泥作为样本材料。这种材料生产难度较低,当保持其他参数不变时,不同颜色之间差异较为明显。颜色样本集如图 6.23 所示。白色对应石膏墙或硅酸石类材料的颜色,浅灰色对应混凝土的颜色;棕色、红色和黄色都是常见砖块的颜色;米色可以指砖块或彩色石膏板的颜色;黑色和深蓝色则对应的是如大理石或蓝宝石等天然石材的颜色;并且加入了淡绿色和浅蓝色来补充色调和黑暗的色彩设置。所有样本表面颜色均由专业测量仪器测定。

20 名被试者首先需要判断所见样本是否适合装饰墙面。但被试者们既未被告知温暖度的明确定义,也未能知晓详细的试验、评价方式,以确保人们对"温暖度"的主观理解和判断不被干扰。在不了解样本集的情况下,他们被随机分配至两个样本集,面对乱序的样本进行评估。在评估过程中,两个样本集中的样本随机出现,被试者需在七点量表(0 表示寒冷,7 表示温暖)上,独立判断用该样本材料装饰墙面时,墙面表现出的温暖度。最后将从颜色的色相、亮度和饱和度三个方面评估实验结果。

在利用重复测量方差分析研究影响温暖度的因素时发现,不同颜色样本的温暖度不同。就样本在室内墙壁的应用方面而言,宝石红和芒果黄颜

图 6.23　10 个不同颜色样本集

（依次为 C01 纯白、C02 浅灰、C03 深黑、C04 巧克力棕、C05 宝石红、C06 芒果黄、C07 象牙白、C08 浅绿、C09 冰蓝及 C010 宝蓝）

色样本的温暖度最高,而浅灰色和冰蓝颜色样本的温暖度最低。其中宝石红的平均温暖度与其他颜色样本(除芒果黄以外)在色相、亮度和饱和度方面有显著区别,是最能表现温暖度的一种颜色。

通过实验和结果分析,温暖度高的颜色色相接近于黄色和红色,温暖度低的颜色色相接近于蓝色和绿色,黑白灰三色的样本也会在一定程度上降低颜色样本的温暖度。值得注意的是,巧克力棕样本由于其较小的饱和度而被认定为温暖度偏高的颜色样本,这表明颜色的色相比饱和度对温暖度的判定影响更大。总体来看,这些发现与一般色彩理论是一致的。

在粗糙度样本集中,由于浅灰色在浅色表面粗糙度中最容易被感知,在一定阴影下它们彼此间的区别仅在于表面粗糙度不同,10 个表面粗糙度不同的样本被涂上了相同的颜色——C02 浅灰。材料表面特征如图 6.24 所示。10 个不同表面粗糙度的样本集(R 代表表面粗糙度)如图 6.25 所示。

最后,应该分区间来分析材料表面粗糙度对材料温暖度的影响。粗糙度样本集的平均温暖度评分如图 6.26 所示。从图中可以看出,在 R01～R05 区间内,表面粗糙度越高,材料温暖度越高;R06～R10 区间则很难看

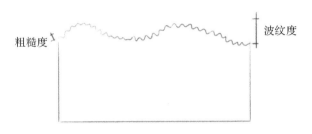

图 6.24　材料表面特征示意

图 6.25　10 个不同表面粗糙度的样本集

（从左到右，第一行为 R01～R05，第二行为 R06～R10，粗糙度依次增加）

出两者间的关联。在后续的主实验中，仍会就材料表面粗糙度对材料温暖度的影响进行更详细的研究。

　　预实验结果表明，材料表面粗糙度和颜色可以影响人们对材料温暖度的感知。颜色越暖，温暖度越高；表面粗糙度（特定区间内）越高，温暖度也越高。然而在实际情况中，表面粗糙度和颜色往往同时对材料温暖度产生作用。但是，单独研究其中一个因素对温暖度的影响结果，意义不大。在建筑材料背景下，对材料温暖度的研究倾向于颜色的主导作用，但 Lisa Wastiels 团队更倾向于研究粗糙度这一影响因素，所以在接下来的主实验中确定了以下两个研究问题：①在感知温暖度的过程中，颜色和表面粗糙度是否会相互影响？②在感知温暖度的过程中，颜色和表面粗糙度的影响力

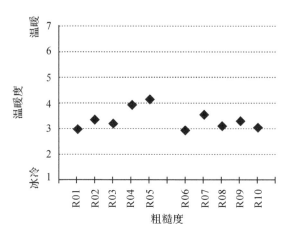

图 6.26　粗糙度样本集的平均温暖度评分

孰强孰弱？

　　他们在颜色样本中选择了代表暖色调的芒果黄和代表冷色调的浅灰；在粗糙度样本中选择了较为规律的 R01～R05 的样本集。实验样本分为A、B 两组。A、B 两组样本集的 8 个样本如表 6.9 所示。A 组实验样本集包括光滑、粗糙和浅灰、芒果黄四个变量，共 2×2 个样本；B 组实验样本集包括光滑、粗糙和冰蓝、宝石蓝四个变量，共 2×2 个样本，其他无关变量与预实验保持一致。38 名主试验的被试者依旧是来自布鲁塞尔大学的青年学生。主实验过程与预实验过程相似，将样本随机发放给被试者，每位被试者需花费约 6 分钟。

表 6.9　A、B 两组样本集的 8 个样本

粗糙度	样本 A		样本 B	
	C02	C06	C09	C10
	浅灰色	芒果黄	浅蓝色	深蓝色
粗糙度 R01(光滑)				
粗糙度 R05(粗糙)				

实验发现,材料粗糙度和颜色都会对材料温暖度产生影响,不同颜色中光滑表面和粗糙表面的温暖度比较如图 6.27 所示。暖色调的芒果黄比冷色调的冰蓝更容易让材料产生温暖度,粗糙的表面比光滑的表面更容易让材料产生温暖度。而粗糙的芒果黄色材料产生的温暖度最高,被试者感觉最温暖;光滑的冰蓝色材料产生的温暖度最低,被试者感觉最寒冷。颜色和粗糙度对材料温暖度的作用虽然会叠加,但是主实验结果表明,颜色和粗糙度之间没有相互作用的关系。

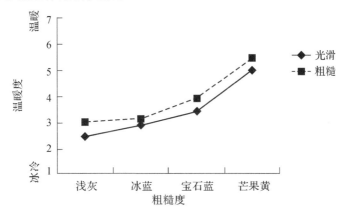

图 6.27　不同颜色中光滑表面和粗糙表面的温暖度比较

除此之外,在后续的数据分析中,Lisa Wastiels 还发现了颜色和粗糙度之间有具体的关系:颜色对材料温暖度的影响是表面粗糙度对材料温暖度的影响的 1.7 倍。这也可以解释为何当前对材料温暖度的大量研究都聚焦在了色彩方面,而鲜有人研究表面粗糙度。

6.3.3　小　结

在这个案例中,我们可以知道,材料的温暖度主要是通过视觉和触觉来体现的。改变材料的颜色和表面粗糙度可以影响人们对材料温暖度的感知,暖色调和粗糙材料比冷色调和光滑材料更具温暖度。在真实的建筑环境中,颜色和粗糙度应该是联合在一起影响人们感知的,用户很可能会频繁地用不同感官接触家庭用品和设施。对温暖度的研究可以科学有效地指导设计,选择更合适的材料和配色,从而通过温暖度提升产品的用户体验。

参考文献

左恒峰，2010. 设计中的材料感知觉[J]. 武汉理工大学学报(1):1-7.

Arnheim R，1959. Art and Visual Perception: A Psychology of the Creative Eye[M]. Berkeley: University of California Press.

Ashby M F，Johnson K，2010. Materials and Design: The Art and Science of Material Selection in Product Design[M]. Oxford: Butterworth-Heinemann.

Calvert G A，Spence C，Stein B E，2004. The Handbook of Multisensory Processes[M]. Cambridge: MIT Press.

Camere S，Karana E，2017. Growing materials for product design[C]// Proceedings of International Conference of the Design Research Society Special Interest Group on Experiential Knowledge(E)KSIG: 101-115.

Ciuffi V，2013. Growing design[J]. Abitare Magazine，531: 108-111.

Dillman D，Hoboken N，2007. Mail and Internet surveys: The tailored design method[J]. Journal of Continuing Education in the Health Professions，30(3):206.

Fernandez J，2005. Material Architecture: Emergent Materials for Innovative Buildings and Ecological Construction[M]. Amsterdam: Architectural Press.

Fujisaki W，Tokita M ，Kariya K，2015. Perception of the material properties of wood based on vision，audition，and touch[J]. Vision Research，109(Part B):185-200.

Gibson J J，1983. The senses considered as perceptual systems[M]. Revised ed. Praeger.

Godish T，2000. Indoor Environmental Quality[M]. Boca Raton: CRC Press.

Jordan A，Adriaenssens S，Kilian A，et al.，2015. Material driven design for a chocolate pavilion[J]. Computer-Aided Design，61:2-12.

Karana E，Barati B，Rognoli V，et al.，2015. Material driven design (MDD): A method to design for material experiences[J]. International Journal of Design，9(2): 35-54.

Karana E，Blauwhoff D，Hultink E J，et al.，2018. When the material grows: A case study on designing (with) mycelium-based materials[J]. International Journal of Design 12(2): 119-136.

Manzini E，1989. Artefatti: Verso una nuova ecologia dell'ambiente artificiale (Artifacts: Towards a new ecology of the artificial environment)[Z]. Milan，Italy: Domus Academy.

McKeown B F，Thomas D B，1988. Q Methodology[M]. Newbury Park，CA: SAGE Publications，Inc.

Rice J，Kozak R A，2006. Appearance wood products and psychological well-being[J].

Wood & Fiber Science Journal of the Society of Wood Science & Technology，38(4)：644-659.

Ross R T，1938. Studies in the psychology of the theatre[J]. The Psychological Record，2(5)：127-190.

Shaw C Y，Magee R J，Swinton M C，et al.，2001. Canadian Experience in Healthy Housing[C]// International Symposium on Current Status of Indoor Air Pollution by Organic Compounds and Countermeasures for Healthy Housing，Tokyo，Japan：31-35.

Small B M，1983. Indoor Air Pollution and Housing Technology[Z]. Canada Mortgage and Housing Corporation. Policy Development and Research Sector. Ottawa，Canada.

Spetic W，Kozak R，Cohen D，2005. Willingness to pay and preferences for healthy home attributes in Canada[J]. Forest Products Journal，55(10)：19-24.

Thiis-Evensen T，1987. Archetypes in Architecture [M]. Oslo：Norwegian University Press.

Wastiels L，Schifferstein H N J，Heylighen A，et al.，2012. Relating material experience to technical parameters：A case study on visual and tactile warmth perception of indoor wall materials[J]. Building & Environment，49：359-367.

Whitehouse D，2002. Surfaces and Their Measurement [M]. London：Butterworth-Heinemann.

附　录

表 A1　通用数据库：网址、使用方式、可用的材料数量及种类

编号	数据库名称	网址	使用方式 免费·免费	免费·试用版	付费·包年	付费·按次计费	付费·其他	材料数量	工艺数量	数据库材料 陶瓷材料	合成材料	金属材料	聚合材料	玻璃材料	天然材料	纺织材料	纤维材料	智能材料	皮革材料	再生材料	气凝胶	纳米材料	其他材料
1	MATWEB-Material Property Data	www.matweb.com	√	√	$74.95			74000		√	√	√	√	√									
2	REMATERIALISE-Eco Smart Materials	www.kingston.ac.uk/~kx197	√					69	8	√	√	√	√	√		√	√			√			
3	DESIGN INSITE:The designer's guide to manufacturing	www.designinsite.dk	√					120	100	√	√	√	√	√		√	√						
4	MATERIAL EXPLORER-MATERIA	www.materia.nl/734.0.h	√					+1080		√	√	√	√	√		√	√						
5	MATERIO-Matériothèque	www.materio.com			€ 297	€ 100		+4000		√	√	√	√	√		√				√			
6	MATERIAL CONNEXION	www.materialconnexion.com			$250			+4500		√	√	√	√	√		√							
7	INNOVATHÈQUE	www.innovathequetba.com			€ 300	€ 100	€ 450	1565		√	√	√	√	√					√				
8	IDEMAT-Online database	www.idemat.nl		√	€ 350			~400		√	√	√	√	√			√		√				
9	MATERIALS SELECTION AND PROCESSING	www-material.eng.cam.ac.uk	√				$25	~38	35	√	√	√	√	√			√						
10	MATERIALS DATA CENTER-THOMSOM	www.techstreet.com/asm-spec										√	√										
11	TRANSMATERIAL(Transstudio)	transmaterial.net	√							√	√	√	√	√				√		√			
12	MAS 2.0	bml.berkeley.edu/me221	√					16	22	√	√	√	√	√									
13	EFUNDA-Engeneering Fundamentals	www.efunda.com/materials/plez	√	√	$60		$96				√	√	√	√	√								
14	ASM Materials Information	products.asminternation			√						√	√	√										
15	TPSX-Material Properties Database(NASA)	tpsx.arc.nass.gov	√					1500			√	√	√	√			√	√					
16	Prospect-The Wood Database	www.plants.ox.ac.uk/ofi/prosp	√					1500				√			√								
17	AZOM.COM	www.azom.com	√							√		√	√										
18	Temperature Dependent Elastic & Thermal Properties	www.jahm.com	√					+2400		√	√	√		√	√							√	
19	NPL MIDAS(CES Software)	midas.npl.co.uk/midas/i	√					17				√	√								√		
20	POLY INFO-Polymer Database	polymer.nims.go.jp	√								√		√										

续表

编号	数据库名称	网址	免费	试用版	包年	按次计费	其他	材料数量	工艺数量	陶瓷材料	合成材料	金属材料	聚合材料	玻璃材料	天然材料	纺织材料	纤维材料	智能材料	皮革材料	再生材料	气凝胶	纳米材料	其他材料
			免费	试用版	包年	按次计费	其他	材料数量	工艺数量														
21	IDES PROSPECTOR	www.ides.com/demos		✓				80000															
22	PLASTICS TECHNOLOGY-Database	www.plasticstechnology	✓						25				✓										
23	PLASTICS TECHNOLOGY-Materials database	66.192.79.234	✓										✓										
24	UK STEEL(CES Software)	www.steelspec.org.uk		✓	€90		£164.50					✓											
25	KEY TO METALS-NONFERROUS	www.key-to-metals.com		✓	€490		€790					✓											
26	KEY TO METALS-STEEL	www.key-to-steel.com		✓	€490		€790	+3500				✓											
27	COOPER.org	www.copper.org/about/c	✓					+440				✓											
28	THE PGM DATABASE(CES Software)	www.platinummetalsreview.co	✓									✓											
29	COMPOSITE ABOUT.COM	composite.about.com	✓								✓												
30	ARCH INFORM	eng.archinform.net/stich	✓					+111			✓	✓		✓			✓						
31	AluSelect	aluminium.matter.org.uk	✓					47			✓	✓		✓			✓						
32	Polymat	www.tds-herrlich.de/english/in				≥€1	€400	26300			✓		✓			✓							
33	Polytrade	www.tds-herrlich.de/english/in				≥€0.5	€110	8300			✓		✓			✓							
34	Materials Monthly	www.materialsmonthly.c			$200			8							✓		✓			✓			
35	WRAP (the Waste & Resources Action Programme)	www.wrap.org.uk/about_wrap_wrap	✓																	✓			
36	Woods of the world	www.azwoodman.com/woods-					$49.90	910							✓								
37	The Wood Explorer	www.thewoodexplorer.co					$49.95	1650							✓					✓			
38	BioMatNet	www.biomatnet.org/home.html	✓				€7.50	8				✓											
39	Biopolymer.net	www.biopolymer.net	✓					+de 34					✓										
40	Information	www.lboro.ac.uk/researc	✓					5 grups						✓				✓					
41	Ravara Database	www.ravara.sa/raw/data	✓					494	47	✓	✓	✓	✓	✓	✓	✓		✓		✓			
42	Sivlepark materials	www.stylepark.com/en/ma	✓				≥€240	1295		✓	✓	✓	✓	✓	✓	✓	✓						
43	Technotheek.nl	www.technotheek.nl	✓					442		✓	✓	✓	✓	✓	✓	✓	✓			✓			
44	Raumprobe	www.raumprobe.de	✓		€29			1926		✓	✓	✓	✓	✓	✓					✓			
45	Eco-materials pela MATREC	www.matrec.com.pt/1st	✓					64		✓	✓	✓	✓	✓	✓	✓				✓			
46	Inventables	www.inventables.com	✓				≥15	+3000			✓	✓	✓	✓		✓						✓	

表 A2　通用数据库：方法和属性

编号	数据库名称	选择方式												资料内容											
		名称	材料种类	商品名	成分/结构	供货商/制造商	标准规范编号	关键词	高级搜索	制造工艺	应用	化学性质	环保	属性	物理属性	机械属性	电学属性	热学属性	光学属性	加工方式	美学（外观、造型）	声学属性	表面（紫外线、化学）	经济	其他
1	MATWEB-Material Property Data	✓	✓	✓	✓	✓	✓	✓	✓					✓	✓	✓	✓	✓	✓	✓					
2	REMATERIALISE-Eco Smart Materials	✓	✓					✓		✓			✓	✓							✓				
3	DESIGN INSITE-The designer's guide to manufacturing	✓	✓							✓			✓			✓				✓					
4	MATERIAL EXPLORER-MATERIA	✓	✓	✓				✓					✓	✓	✓	✓		✓			✓	✓	✓		
5	MATÉRIO-Matériothèque	✓	✓										✓								✓	✓	✓		
6	MATERIAL CONNEXION	✓									✓				✓	✓		✓			✓				
7	INNOVATHÈQUE	✓				✓		✓	✓	✓	✓		✓			✓					✓	✓	✓		
8	IDEMAT-Online database	✓										✓													
9	MATERIALS SELECTION AND PROCESSING	✓	✓							✓	✓			✓	✓		✓	✓						✓	
10	MATERIALS DATA CENTER-THOMSOM	✓																							
11	TRANSMATERIAL(Transstudio)	✓	✓					✓																	
12	MAS 2.0	✓	✓							✓			✓	✓	✓	✓		✓		✓					
13	EFUNDA-Engeneering Fundamentals	✓	✓	✓	✓					✓						✓									
14	ASM Materials Information	✓	✓		✓			✓							✓	✓				✓					
15	TPSX-Material Properties Database (NASA)	✓		✓	✓	✓		✓	✓																
16	Prospect-The Wood Database	✓		✓					✓		✓		✓	✓	✓	✓		✓		✓	✓		✓		✓
17	AZOM.COM	✓																							
18	Temperature Dependent Elastic & Thermal Propertie	✓	✓	✓		✓		✓	✓						✓	✓		✓							
19	NPL MIDAS(CES Software)	✓	✓	✓								✓		✓	✓	✓	✓	✓					✓		✓
20	POLY INFO-Polymer Database	✓	✓		✓				✓					✓	✓	✓	✓	✓							
21	IDES PROSPECTOR	✓	✓	✓		✓		✓						✓	✓	✓	✓	✓							✓
22	PLASTICS TECHNOLOGY-Database	✓	✓	✓		✓					✓			✓	✓	✓	✓	✓	✓		✓		✓		✓

续表

编号	数据库名称	选择方式													资料内容										
		名称	材料种类	商品名类	成分/结构	供货商/制造商	标准/规范编号	关键词	高级搜索	制造工艺	应用	化学性质	环保	属性	物理属性	机械属性	电学属性	热学属性	光学属性	加工方式	美学(外观造型)	声学属性	表面(紫外线,化学)	经济	其他
23	PLASTICS TECHNOLOGY-Materials database	✓		✓	✓	✓								✓	✓	✓	✓	✓	✓	✓				✓	✓
24	UK STEEL(CES Software)			✓	✓		✓							✓	✓	✓		✓							✓
25	KEY TO METALS-NONFERROUS	✓	✓	✓	✓	✓	✓		✓					✓	✓	✓									✓
26	KEY TO METALS-STEEL	✓	✓	✓	✓	✓	✓		✓					✓	✓	✓									✓
27	COOPER.org	✓			✓	✓	✓		✓	✓	✓	✓													
28	THE PGM DATABASE(CES Software)	✓	✓																						
29	COMPOSITE ABOUT.COM	✓	✓											✓	✓	✓	✓	✓		✓			✓		✓
30	ARCH INFORM	✓	✓								✓				✓										
31	AluSelect	✓			✓				✓		✓			✓		✓		✓		✓			✓		
32	Polymat	✓	✓	✓	✓			✓	✓					✓		✓	✓	✓		✓					✓
33	Polytrade	✓	✓	✓		✓					✓			✓		✓	✓						✓		
34	Materials Monthly	✓	✓																						
35	WRAP (the Waste & Resources Action Programme)	✓	✓								✓		✓												
36	Woods of the world	✓	✓	✓		✓				✓	✓			✓	✓	✓				✓	✓				✓
37	The Wood Explorer	✓	✓	✓										✓	✓	✓				✓	✓				
38	BloMatNet	✓	✓	✓																					
39	Blopolymer.net	✓	✓		✓			✓					✓												
40	Information	✓											✓												
41	Ravara Database	✓			✓	✓			✓	✓	✓		✓	✓	✓	✓		✓				✓	✓		✓
42	Stylepark materials	✓	✓			✓				✓	✓			✓	✓						✓		✓		
43	Technotheek	✓	✓	✓	✓			✓		✓	✓								✓						
44	Raumprobe	✓	✓																		✓				
45	Eco-materials pela MATREC	✓	✓			✓																			✓
46	Inventables	✓		✓	✓	✓				✓	✓			✓	✓	✓				✓	✓				✓

表 A3　通用数据库：结果和界面易用性评价

编号	数据库名称	数据信息															备注
		技术名称	技术表格	备选材料	物理属性	机械属性	备注	供应商	相关工艺	环境影响	材料费用	材料图片	材料视频	材料应用	其他信息	
1	MATWEB-Material Property Data	√	√	√	√	√	√	√								大量实用，高效的技术信息的有序结合
2	REMATERIALISE-Eco Smart Materials				√	√	√	√	√				√			与再生材料、环保材料、生物材料相关，内容有趣味性
3	DESIGN INSITE-The designer's guide to manufacturing	√					√	√	√	√	√	√		√		有趣且具有指导意义的工具，同时包含产品和工艺方面的信息
4	MATERIAL EXPLORER-MATERIA	√			√	√	√	√		√	√	√				可能是设计师最好、最完整的免费工具
5	MATÉRIO-Materiotheque	√		√	√	√	√	√	√			√				很有趣也很实用的选择材料的方法
6	MATERIAL CONNEXION	√		√	√	√	√		√			√				界面交互设计很优秀，简单易用
7	INNOVATHÈQUE	√	√		√	√	√				√	√				精心设计的网站，选择材料的方式实用并且独一无二
8	IDEMAT-Online database	√			√	√	√			√	√	√				界面设计简单易用，并且包含各环境方面很重要的资料
9	MATERIALS SELECTION AND PROCESSING	√	√		√	√	√		√	√	√	√		√		简单易用，在材料选择的初期格外好用
10	MATERIALS DATA CENTER-THOMSOM	√	√		√	√	√		√					√		有趣且网站结构合理，带有订阅功能，使用简单
11	TRANSMATERIAL (Transstudio)	√			√	√	√					√		√		有趣且软件结构合理，搜索简单快捷
12	MAS 2.0	√		√	√	√	√		√		√					不仅有技术信息，学习和使用起来简单高效
13	EFUNDA, Engeneering Fundamentals	√	√		√	√		√	√							信息条理清晰，但更像是在线书籍
14	ASM Materials Information	√			√	√			√							可以从这个网站访问两个数据库，两个来自 NASA 一个来自 K&K
15	TPSX-Material Properties Database (NASA)	√			√											界面设计比较过时，但使用起来却很简单
16	Prospect-The Wood Database	√		√	√	√	√		√			√		√	√	网站很快、效率很高，但是有时候会让人困惑
17	AZOM. COM	√			√	√	√		√					√	√	

续表

编号	数据库名称	数据信息														备注
		技术名称	技术表格	备选材料	物理属性	机械属性	备注	供应商	相关工艺	环境影响	材料费用	材料图片	材料视频	材料应用	其他信息	
18	Temperature Dependent Elastic & Thermal Propertie	✓	✓	✓	✓	✓									✓	信息有条理,软件使用简单,但是界面不够理想.使用简单
19	NPL MIDAS(CES Software)	✓	✓	✓	✓	✓										对于熟悉 CES 选择软件和数据库的人来说,使用简单
20	POLY INFO-Polymer Database	✓	✓	✓	✓	✓	✓									超链接的位置应该清晰一些,界面设计有待改进
21	IDES PROSPECTOR	✓	✓	✓	✓		✓	✓	✓							使用简单,在订购前就能了解它的工作情况
22	PLASTICS TECHNOLOGY-Database	✓	✓		✓	✓		✓	✓					✓	✓	
23	PLASTICS TECHNOLOGY-Materials database	✓	✓	✓	✓	✓		✓	✓							使用简单,但是材料选择是通过问卷的形式完成的
24	UK STEEL(CES Software)	✓	✓	✓	✓	✓										UK Steel 很详细,网站版本更像是一本详细的钢材料手册
25	KEY TO METALS-NONFERROUS	✓	✓	✓	✓	✓									✓	
26	KEY TO METALS-STEEL	✓	✓	✓	✓	✓									✓	
27	COOPER. org	✓	✓	✓	✓	✓		✓	✓					✓		
28	THE PGM DATABASE(CES Software)	✓	✓	✓	✓	✓										对于熟悉 CES 选择软件的人来说很简单
29	COMPOSITE ABOUT. COM	✓	✓	✓	✓			✓								在这个网站中能获得大量的信息,但是信息条理不够清晰
30	ARCH INFORM	✓			✓									✓		很好的数据库,界面清晰
31	AluSelect	✓	✓		✓	✓			✓					✓	✓	界面简洁,内容丰富
32	Polymat	✓	✓	✓	✓			✓	✓	✓						
33	Polytrade	✓		✓	✓	✓		✓	✓	✓		✓		✓		
34	Materials Monthly	✓	✓	✓	✓	✓			✓	✓		✓		✓	✓	
35	WRAP (the Waste & Resources Action Programme)	✓			✓				✓	✓				✓		

续表

编号	数据库名称	数据信息														备注
		技术名称	技术表格	备选材料	物理属性	机械属性	备注	供应商	相关工艺	环境影响	材料费用	材料图片	材料视频	材料应用	其他信息	
36	Woods of the world	√	√		√	√		√	√			√	√	√		
37	The Wood Explorer	√	√	√	√	√			√			√				
38	BioMatNet	√	√					√	√						√	网站与欧洲生物材料联盟相关
39	Biopolymer. net	√														使用简单的聚合物信息工具
40	Information	√		√			√		√	√					√	
41	Ravara Database	√	√	√	√		√	√	√			√		√	√	和 Material Explorer 一样，是最好、最全的免费数据库之一
42	Stylepark materials	√		√				√				√		√	√	和 Material Explorer 和 Ravara Database 一样，是最好、最全的免费数据库之一
43	Technotheek	√	√	√	√		√	√	√			√				
44	Raumprobe	√	√			√		√				√		√		
45	Eco-materials pela MATREC	√	√		√			√	√	√		√		√		
46	Inventables	√	√		√		√	√	√			√		√	√	

表 A4　软件：网址、使用方式、可用的材料数量及种类

编号	软件名称	网址	免费	试用版	包年	按次计费	其他	材料数量	工艺数量	陶瓷材料	合成材料	金属材料	聚合材料	玻璃材料	天然材料	纺织材料	纤维材料	智能材料	皮革材料	再生材料	气凝胶	纳米材料	其他材料
	GRANTA DESIGN-SOFTWARE MODULES:																						
47	CES Selector	www.grantadesign.com					£770	+3700	240	√	√	√	√	√	√		√						√
48	CES Selector-Basic Edition	www.grantadesign.com						3700	240	√	√	√	√	√	√				√				
49	CES Polymer Selector	www.grantadesign.com						+7550		√	√	√	√	√	√					√			√
50	CES Eco Selector	www.grantadesign.com						3700	240	√	√	√	√	√	√								
51	CES Aero Selector	www.grantadesign.com						+7900	240	√	√	√	√	√	√		√	√	√				√
52	CES Medical Selector	www.grantadesign.com						+60000		√	√	√	√	√	√		√		√				√
53	Granta CES Edupack 2009	www.grantadesign.com					£800	+3700	240	√	√	√	√	√	√		√		√				√
54	CES Constructor	www.grantadesign.com						√	240		√						√		√	√			√
55	GRANTA MI-Material Intelligence	www.grantadesign.com						+3700	240	√	√	√	√	√	√		√			√			√
	DATA MODULES AND SERIES:																						
56	Material Universe	www.grantadesign.com					£1,680	+3700		√		√	√	√			√		√				√
57	Process Universe	www.grantadesign.com					£910		240		√												
58	Polymer Universe	www.grantadesign.com/prod						+7550		√	√		√	√	√								√
59	Eco Material Universe	www.grantadesign.com						3700		√	√	√	√						√				
60	Medical material Universe	www.grantadesign.com						+60000		√	√		√	√			√						√
59	Eco Material Universe	*（前文提及）																					
61	Restricted Substances	www.grantadesign.com						√															√
62	MMPDS	www.grantadesign.com						+2000				√											
63	CMH-17	www.grantadesign.com						+1000			√		√										
64	ESDU MMDH	www.grantadesign.com						600			√	√											
65	ASME BPVC	www.grantadesign.com						450			√		√										√

续表

编号	软件名称	网址	免费（免费）	免费（试用版）	付费（包年）	付费（按次计费）	付费（其他）	材料数量	工艺陶瓷材料	合成材料	金属材料	聚合材料	玻璃材料	天然材料	纺织材料	纤维材料	智能材料	皮革材料	再生材料	气凝胶	纳米材料	其他材料
58	Polymer Universe	*（前文提及）																				
66	CAMPUS Plastics	www.grantadesign.com						4200		✓												
67	IDES Plastics	www.grantadesign.com						48000		✓		✓										
68	Moldflow	www.grantadesign.com						8000		✓		✓										✓
69	ChemRes	www.grantadesign.com						190		✓		✓										✓
60	Medical material Universe	*（前文提及）																				
70	Cardiovascular Materials	www.grantadesign.com						1800	✓	✓	✓	✓										✓
71	Orthopaedic Materials	www.grantadesign.com						7100	✓	✓	✓	✓										✓
72	Metal foams	www.grantadesign.com						230			✓											✓
73	NIST Lead-Free Solders	www.grantadesign.com						350	✓	✓	✓		✓									✓
74	CAE Starter Database	www.grantadesign.com						60	✓	✓	✓	✓	✓	✓		✓	✓					✓
75	matdata.net	www.grantadesign.com					✓		✓	✓	✓	✓	✓					✓	✓			
76	Steelspec	www.grantadesign.com					￡90				✓											
	RaPRA TECHNOLOGY:	www.rapra.net																				
77	Rapra Polymer Library	www.polymerlibrary.com		✓	≥€120	0.8 e	€2.60	850000		✓		✓										
78	PLASCAMS	www.rapra.net/software/index					€347			✓		✓										
	ESM SOFTWARE:	www.esm-software.com																				
79	TAPP	www.esm-software.com/tap					$59	17000		✓												
80	SCIGLASS	www.esm-software.com/scl					$1,995	19000					✓									
81	ALLOY FINDER da ASM	asmcommunity.asmint					$844	105000			✓											
82	RMA（RESINATE MATERIAL ADVISOR）	www.resinatecorp.com						✓				✓										

续表

编号	软件名称	网址	使用方式					材料数量	数据库材料														
			免费		付费				工艺数量	陶瓷材料	合成材料	金属材料	聚合材料	玻璃材料	天然材料	纺织材料	纤维材料	智能材料	皮革材料	再生材料	气凝胶	纳米材料	其他材料
			免费	试用版	包年	按次计费	其他																
	PRé CONSULTANTS:	www.pre.nl/pre/pre_con-sulta																					
83	Sima Pro	www.pre.nl/simapro/de-fault.		✓			≥€1800	+600		✓	✓	✓	✓	✓	✓					✓			
84	ECO-IT (with the Eco-Indicator database)	www.pre.nl/eco-it/eco-it.htm		✓			€99	+200	+200	✓	✓	✓	✓	✓	✓					✓			
85	Umberto	www.umberto.de/en/home		✓			€500	✓			✓	✓	✓		✓	✓	✓			✓			✓
86	ALUSURF	www.xwonm.com/alu-surf.ht		✓			$150					✓											✓
87	Forestry Compendium	www.cabl.org/compend-la/fc/1		✓			≥$100	1200							✓								

表 A5　软件：材料选择的方法和属性

编号	软件名称	选择方式										资料内容													
		名称	材料种类	商品名	成分/结构	供货商/制造商	标准规范/编号	关键词	高级搜索	制造工艺	应用	化学性质	环保	属性	物理属性	机械属性	电学属性	热学属性	光学属性	加工方式	美学（外观、造型）	声学属性	表面（紫外线、化学）	经济	其他
	GRANTA DESIGN·SOFTWARE MODULES:																								
47	CES Selector		✓			✓		✓	✓	✓				✓	✓	✓	✓	✓	✓	✓			✓		✓
48	CES Selector-Basic Edition		✓			✓		✓	✓	✓			✓	✓	✓	✓	✓	✓	✓	✓			✓	✓	✓
49	CES Polymer Selector		✓	✓		✓		✓	✓	✓			✓	✓	✓	✓	✓	✓	✓	✓			✓	✓	✓
50	CES Eco Selector		✓			✓		✓	✓	✓			✓	✓	✓	✓	✓	✓	✓	✓				✓	✓
51	CES Aero Selector		✓	✓		✓		✓	✓	✓			✓	✓	✓	✓	✓	✓	✓	✓			✓	✓	✓
52	CES Medical Selector		✓			✓		✓	✓	✓			✓	✓	✓	✓	✓	✓	✓	✓			✓	✓	✓
53	Granta CES Edupack 2009	✓				✓		✓		✓			✓	✓	✓	✓	✓	✓	✓	✓			✓		✓
54	CES Constructor	✓				✓		✓						✓											
55	GRANTA MI-Material Intelligence	✓				✓		✓	✓	✓			✓	✓	✓	✓	✓	✓	✓	✓					✓
	DATA MODULES AND SERIES:																								
56	Material Universe		✓			✓		✓	✓		✓			✓	✓	✓	✓	✓	✓						✓
57	Process Universe	✓						✓	✓	✓	✓			✓	✓	✓	✓	✓	✓	✓				✓	✓
58	Polymer Universe		✓					✓	✓					✓	✓	✓	✓	✓	✓				✓	✓	✓
59	Eco Material Universe		✓			✓		✓	✓				✓	✓	✓	✓	✓	✓	✓	✓			✓	✓	✓
60	Mediacal material Universe		✓			✓		✓	✓				✓	✓	✓	✓	✓	✓	✓	✓			✓	✓	✓
59	Eco Material Universe（*前文提及）	✓				✓		✓					✓	✓											
61	Restricted Substances	✓						✓	✓		✓			✓									✓		✓
62	MMPDS	✓	✓					✓	✓		✓			✓	✓	✓	✓	✓	✓				✓	✓	✓
63	CMH-17	✓						✓	✓		✓		✓	✓	✓	✓	✓	✓	✓	✓			✓	✓	✓
64	ESDU MMDH	✓						✓	✓		✓			✓	✓	✓	✓	✓	✓				✓	✓	✓
65	ASME BPVC	✓						✓	✓		✓			✓	✓	✓	✓	✓	✓				✓	✓	✓

行首分组标注：Software modules（编号 47–55）、Universe（编号 56–60）、Eco（编号 59、61）、Aero & Energy（编号 62–65）

续表

编号	软件名称	选择方式										资料内容												
		名称	材料种类	商品名	成分/结构	供货商/制造商 *（前文提及）	标准规范编号	关键词	高级搜索	制造工艺	应用	化学性质	环保属性	物理属性	机械属性	电学属性	热学属性	光学属性	加工方式	美学（外观、造型）	声学属性	表面（外线、化学）	经济	其他
58	Polymer Universe	✓																						
66	CAMPUS Plastics		✓					✓	✓					✓	✓	✓	✓	✓	✓				✓	✓
67	IDES Plastics		✓			✓		✓	✓				✓	✓	✓	✓	✓		✓			✓	✓	✓
68	Moldflow	✓		✓						✓								✓	✓					✓
69	ChemRes	✓	✓		✓						✓	✓	✓											
60	Mediacal material Universe																							
70	Cardiovascular Materials		✓			✓		✓	✓				✓	✓	✓	✓	✓	✓	✓					✓
71	Orthopaedic Materials		✓			✓		✓	✓				✓	✓	✓	✓	✓	✓	✓				✓	✓
72	Metal foams		✓			✓		✓	✓				✓		✓	✓	✓		✓				✓	✓
73	NIST Lead-Free Solders		✓					✓	✓				✓	✓	✓	✓	✓		✓			✓	✓	✓
74	CAE Starter Database		✓			✓		✓	✓					✓	✓	✓	✓	✓	✓			✓	✓	✓
75	matdata. net	✓	✓		✓			✓	✓		✓		✓											
76	Steelspec	✓	✓	✓	✓	✓	✓	✓	✓		✓													
77	RaPRA TECHNOLOGY：Rapra Polymer Library	✓	✓					✓	✓						✓									
78	PLASCAMS		✓						✓			✓		✓			✓			✓				
79	ESM SOFTWARE：TAPP	✓			✓				✓					✓	✓		✓	✓						
80	SCIGLASS	✓			✓			✓						✓	✓			✓						✓
81	ALLOY FINDER da ASM	✓	✓	✓	✓	✓			✓					✓	✓					✓				
82	RMA（RESINATE MATERIAL ADVISOR）	✓	✓			✓			✓	✓			✓	✓			✓		✓	✓				
83	PRé CONSULTANTS：Sima Pro	✓	✓	✓						✓	✓													✓
84	ECO-IT（with the Eco-Indicator database）	✓		✓						✓	✓													
85	Umberto	✓	✓					✓											✓				✓	
86	ALUSURF	✓	✓			✓								✓		✓	✓	✓	✓				✓	
87	Forestry Compendium	✓	✓		✓				✓		✓		✓					✓	✓	✓				✓

（左侧分组：Plastics；M Devices；S Projects）

表 A6　软件:结果和界面易用性评价

编号	软件名称	数据信息														备注
		技术名称	技术表格	备选材料	物理属性	机械属性	备注	供应商	相关工艺	环境影响	材料费用	材料图片	材料视频	材料应用	其他信息	
	GRANTA DESIGN-SOFTWARE MODULES:															
47	CES Selector	✓	✓	✓	✓	✓	✓	✓	✓			✓		✓	✓	是一个有很多实用信息并且很完整的数字工具
48	CES Selector-Basic Edition	✓	✓	✓	✓	✓	✓	✓	✓			✓		✓	✓	软件很像 CES Selector
49	CES Polymer Selector	✓	✓	✓	✓	✓	✓	✓	✓			✓		✓		这是一个集合了来自 CAMPUS, IDES, Rapra 等的数据库的软件
50	CES Eco Selector	✓	✓	✓	✓	✓	✓	✓	✓			✓		✓	✓	带 Eco material Universe 的 Eco Audit Tool 和 CES Selector
51	CES Aero Selector	✓	✓	✓	✓	✓	✓	✓	✓			✓		✓		CES Aero Selector 是一个为高级工程工艺需要而设计的软件
52	CES Medical Selector	✓	✓	✓	✓	✓	✓	✓	✓			✓		✓	✓	CES Medical Selector 是一个包含先进材料的制造工艺工艺的软件
53	Granta CES Edupack 2009	✓	✓	✓	✓	✓	✓	✓	✓			✓		✓	✓	是 CES 软件的教育版,完整且实用
54	CES Constructor	✓	✓	✓	✓	✓	✓	✓	✓			✓		✓		允许自建数据库、添加、编辑材料的软件
55	GRANTA MI-Material Intelligence	✓	✓	✓	✓	✓	✓	✓	✓			✓		✓		GRANTA MI 是一个自带材料数据库系统的软件
	DATA MODULES AND SERIES:															
56	Material Universe	✓	✓	✓	✓	✓	✓	✓	✓			✓		✓	✓	这是一个被 CES 软件和 Granta Design 采纳的数据库
57	Process Universe	✓	✓	✓			✓	✓	✓			✓			✓	
58	Polymer Universe	✓	✓	✓	✓	✓	✓	✓	✓			✓		✓	✓	
59	Eco Material Universe	✓	✓	✓	✓	✓	✓	✓	✓			✓		✓	✓	
60	Mediacal material Universe	✓	✓	✓	✓	✓	✓	✓	✓			✓		✓	✓	

续表

	编号	软件名称	数据信息														备注
			技术名称	技术表格	备选材料	物理属性	机械属性	备注	供应商	相关工艺	环境影响	材料费用	材料图片	材料视频	材料应用	其他信息	
Eco	59	Eco Material Universe							* （前文提及）								
	61	Restricted Substances	√	√												√	
Aero & Energy	62	MMPDS	√	√		√	√	√		√	√	√				√	
	63	CMH-17	√	√		√	√	√	√	√	√	√			√	√	
	64	ESDU MMDH	√	√		√	√	√	√	√	√	√			√	√	
	65	ASME BPVC	√			√	√	√	√	√	√	√			√	√	
Plastics	58	Polymer Universe							* （前文提及）								
	66	CAMPUS Plastics	√	√	√	√	√	√	√	√	√	√	√		√	√	
	67	IDES Plastics	√	√	√	√	√	√	√	√	√	√	√		√	√	
	68	Moldflow	√	√	√	√	√	√	√	√					√		
	69	ChemRes	√	√	√	√	√	√	√	√						√	
M Devices	60	Mediacal material Universe							* （前文提及）								
	70	Cardiovascular Materials	√	√	√	√	√	√	√	√	√	√	√		√	√	
	71	Orthopaedic Materials	√	√	√	√	√	√	√	√	√	√	√		√	√	
S Projects	72	Metal foams	√	√	√	√	√	√	√	√	√	√	√		√	√	
	73	NIST Lead-Free Solders	√	√	√	√	√	√	√	√		√	√		√	√	
	74	CAE Starter Database	√	√	√	√	√	√	√	√			√		√	√	
	75	matdata. net	√	√	√	√	√	√	√	√			√		√	√	
	76	Steelspec	√	√		√	√	√	√		√				√		
		RaPRA TECHNOLOGY：															
	77	Rapra Polymer Library	√		√	√	√	√		√		√					看上去是一个完整的系统，并且信息组织清晰
	78	PLASCAMS	√		√	√	√		√	√	√						这是一个和 Rubancams 很相似的橡胶材料选择软件

续表

编号	软件名称	数据信息														备注
		技术名称	技术表格	备选材料	物理属性	机械属性	备注	供应商	相关工艺	环境影响	材料费用	材料图片	材料视频	材料应用	其他信息	
	ESM SOFTWARE:															
79	TAPP	√		√	√	√	√									不可能通过试用版做出评价
80	SCIGLASS	√	√		√	√										
81	ALLOY FINDER da ASM	√	√	√	√	√									√	
82	RMA (RESINATE MATERIAL ADVISOR)	√		√	√	√		√	√		√					用于整合在 CAD 系统中的软件，比如 Solidworks
	PRé CONSULTANTS:															
83	Sima Pro	√		√					√	√						
84	ECO-IT (with the Eco-Indicator database)	√							√	√					√	
85	Umberto	√	√		√	√			√	√	√				√	
86	ALUSURF	√	√	√	√	√						√	√			
87	Forestry Compendium	√	√	√			√	√				√		√	√	

表 A7 各变量统计结果

样本编号	材料	色彩	造型	体验	功能	价格	品牌	安全	服务	质量
1	3.28	3.48	4.28	4.28	4.24	3.79	3.24	4.38	4.14	4.48
2	4.38	4.28	3.90	4.14	2.97	3.34	2.59	3.97	3.48	4.62
3	4.03	3.83	4.10	4.07	3.72	3.59	3.38	3.90	3.62	4.48
4	3.93	3.83	3.97	3.41	3.07	2.93	2.48	4.14	2.90	4.31
5	3.69	3.38	4.03	4.41	4.59	4.24	4.21	4.31	4.52	4.79
6	4.00	3.48	3.72	3.83	4.34	4.24	4.14	4.69	4.59	4.76
7	3.79	3.17	3.76	4.41	4.55	4.38	4.21	4.38	4.48	4.59
8	3.83	3.55	3.59	4.03	3.90	3.66	3.38	4.45	4.00	4.72
9	4.69	4.24	2.62	4.10	2.69	3.45	3.17	4.14	3.45	4.79
10	3.97	3.62	3.55	3.86	2.79	3.34	2.93	4.21	3.34	4.48
11	3.72	3.28	3.83	3.72	3.14	3.66	2.72	3.93	3.38	4.62
12	4.03	5.03	3.83	4.14	3.41	3.72	3.14	4.31	3.76	4.55
13	3.83	3.97	4.00	4.21	3.31	3.79	3.62	3.97	3.48	4.83
14	4.41	3.83	3.14	3.69	2.55	3.86	3.41	4.31	3.86	4.72
15	3.66	3.55	3.90	3.86	3.86	3.66	2.72	3.97	3.66	4.72
16	3.21	3.38	3.52	3.79	3.79	3.28	2.45	4.14	3.21	4.38
17	3.34	3.59	4.10	4.14	3.86	3.41	3.41	4.69	3.41	4.72
18	3.14	3.28	3.79	3.90	3.72	3.52	3.24	4.59	3.52	4.66
19	3.93	3.72	4.03	3.93	3.76	3.52	3.38	4.62	3.79	4.62
20	3.72	3.17	3.07	3.79	3.59	3.24	3.31	4.90	3.21	4.90
21	3.52	3.28	3.72	3.97	3.76	3.66	3.62	4.59	3.66	4.66
22	3.69	3.66	4.07	4.17	3.97	3.66	3.66	4.45	3.66	4.62
23	3.66	4.10	4.00	4.48	3.69	4.00	3.66	4.17	3.76	4.69
24	3.86	3.34	3.83	4.55	3.90	4.03	3.66	3.69	3.62	4.45
25	3.79	4.17	4.28	4.34	3.90	3.59	3.38	4.24	3.90	4.59
26	3.52	3.45	3.38	4.24	4.28	4.24	4.10	4.69	4.48	4.69
27	3.52	3.76	4.17	4.14	3.93	3.55	3.55	4.28	3.83	4.76

续表

样本编号	材料	色彩	造型	体验	功能	价格	品牌	安全	服务	质量
28	3.03	3.55	3.52	3.41	3.07	3.17	2.66	3.17	2.97	4.28
29	3.66	2.90	3.48	3.86	3.72	3.97	3.62	4.10	3.90	4.62
30	3.28	3.93	4.17	3.86	3.55	3.21	2.31	3.72	3.17	4.38
31	3.97	3.90	3.76	4.03	3.52	3.31	2.86	4.34	3.14	4.62
32	4.00	3.69	3.76	3.76	3.34	3.59	3.38	3.41	3.21	4.31
33	4.24	4.03	4.21	4.48	3.28	4.14	3.41	4.21	4.03	4.62
34	3.28	3.79	3.69	3.66	3.72	3.38	2.45	3.79	3.17	4.45
35	3.69	3.72	3.17	3.76	3.48	3.28	2.86	3.83	2.79	4.55
36	3.48	3.45	3.90	3.69	3.83	3.48	2.55	3.86	3.07	4.52
37	3.72	3.69	4.21	3.93	3.45	3.72	3.21	4.52	3.38	4.38
38	4.14	3.90	4.24	4.45	4.55	4.55	4.31	4.41	4.45	4.62
39	3.79	3.17	3.52	4.24	3.90	3.72	3.62	4.72	3.90	4.59
40	3.45	3.34	3.59	3.90	3.79	3.59	2.62	3.72	3.10	4.34
41	3.38	3.41	4.31	4.28	3.72	3.66	3.21	3.72	3.41	4.45
42	3.59	3.41	3.72	4.52	3.93	4.00	4.10	4.55	3.90	4.59
43	3.90	3.62	4.00	3.93	4.07	3.86	3.90	4.59	4.17	4.59
44	3.72	3.62	3.79	4.10	4.03	3.97	3.76	4.52	3.90	4.48
45	3.69	3.41	3.76	4.31	4.28	4.10	3.97	4.55	4.45	4.69
46	3.83	3.93	3.97	4.03	3.72	3.72	3.72	3.97	3.62	4.41
47	4.10	3.79	4.17	4.10	3.38	3.90	3.86	3.86	3.66	4.59
48	3.72	3.79	3.93	3.90	3.83	3.55	3.10	4.00	3.66	4.45
49	3.52	3.69	4.07	4.28	4.03	4.14	3.83	3.97	3.97	4.69
50	3.93	4.00	4.34	4.28	3.55	3.59	3.21	4.28	3.62	4.62

表 A8　样本主成分分值

序号	第一主成分	第二主成分	第三主成分	序号	第一主成分	第二主成分	第三主成分
1	0.5961	−1.5136	0.70129	26	1.56358	−0.35463	−1.21706
2	−0.84755	1.98909	0.98439	27	0.41689	−0.23816	0.21318
3	−0.20161	0.22796	1.06645	28	−2.33258	−1.38444	−0.03221
4	−2.03954	0.18938	0.19454	29	0.29049	−0.69914	−1.48223
5	1.91286	−0.58323	−0.01378	30	−1.50448	−0.98508	1.21972
6	1.55251	0.19728	−1.09091	31	−0.66971	0.75437	−0.11857
7	1.80014	−0.78725	−0.24936	32	−1.11314	0.04379	0.80772
8	0.41969	0.2771	−0.95414	33	0.69769	1.34757	1.47246
9	−0.62114	3.54557	−1.4061	34	−1.38434	−0.9167	0.01972
10	−1.07034	0.82943	−0.53429	35	−1.40208	0.2299	−0.94714
11	−0.84574	−0.11422	−0.61631	36	−1.09299	−1.00527	−0.15015
12	−0.16799	1.95247	1.61351	37	−0.34876	−0.30908	0.60054
13	0.17154	0.97498	0.43896	38	2.02513	0.25298	1.30094
14	−0.29704	2.45331	−1.43739	39	0.64761	−0.22766	−1.2397
15	−0.28645	−0.2751	−0.27795	40	−1.11501	−1.23008	−0.06665
16	−1.23496	−1.39941	−0.74303	41	−0.29185	−1.2972	1.21161
17	0.17428	−0.57519	−0.42441	42	1.10633	−0.3759	−0.26115
18	−0.1228	−1.10821	−1.23842	43	0.81905	−0.05252	−0.14722
19	0.15637	0.31789	−0.16448	44	0.62134	−0.33888	−0.04527
20	−0.21929	0.49793	−3.22245	45	1.47987	−0.34546	−0.51651
21	0.26421	−0.51159	−1.18146	46	−0.09397	0.01461	1.00468
22	0.42901	−0.24128	0.15873	47	0.19006	0.68065	1.04033
23	0.67402	0.48501	0.99538	48	−0.4346	−0.32071	0.54997
24	0.42422	−0.47612	0.88755	49	0.87717	−0.45522	0.64532
25	0.35415	0.29991	1.44614	50	0.07363	0.56017	1.20522

表 A9　聚类结果(每个聚类中的案例数)

项目		数量
聚类	1	27
	2	4
	3	19
有效		50
缺失		0

样本编号	聚类	距离	样本编号	聚类	距离
1	1	1.608	26	1	1.785
2	2	2.286	27	1	0.398
3	1	1.199	28	3	1.704
4	3	1.391	29	3	1.788
5	1	1.402	30	3	1.578
6	1	1.635	31	3	1.273
7	1	1.483	32	3	1.123
8	1	1.297	33	1	1.764
9	2	1.436	34	3	0.674
10	3	1.398	35	3	1.203
11	3	0.609	36	3	0.548
12	1	2.481	37	3	0.937
13	1	1.083	38	1	1.685
14	2	0.422	39	1	1.555
15	3	0.649	40	3	0.770
16	3	1.135	41	3	1.681
17	1	1.076	42	1	0.804
18	3	1.462	43	1	0.465
19	1	0.758	44	1	0.510
20	2	2.554	45	1	1.191
21	3	1.543	46	1	1.063
22	1	0.407	47	1	1.108
23	1	0.834	48	3	0.846
24	1	0.832	49	1	0.634
25	1	1.232	50	1	1.221

表 A10 色彩测量值

样本编号	L^*	a^*	b^*	L	C^*
1	42.26	10.92	14.79	42.26	18.38
2	40.02	11.65	14.22	40.01	18.39
3	32.96	12.60	5.69	32.95	13.79
4	61.43	12.10	23.37	61.41	26.31
5	54.29	17.77	29.57	54.20	34.45
6	69.65	12.62	28.35	69.64	31.05
7	72.06	5.63	17.13	72.01	18.04
8	83.17	2.56	10.72	83.05	11.07
9	52.29	16.79	29.92	52.27	34.32
10	43.61	19.03	17.31	43.61	25.72
11	70.20	8.80	26.57	70.20	27.99
12	55.35	16.82	27.32	55.35	32.08
13	60.33	16.69	28.37	60.32	32.93
14	70.79	9.02	40.11	70.77	40.15
15	35.22	3.50	12.80	35.22	4.49
16	62.19	10.50	26.37	62.19	28.38
17	36.62	7.49	9.60	36.62	12.19
18	78.93	3.87	14.15	78.94	15.12
19	31.90	7.62	4.08	31.89	8.64
20	43.80	23.20	22.80	43.78	32.51
21	48.10	23.01	28.86	48.10	36.92
22	65.51	10.68	25.36	65.47	27.63
23	48.56	10.80	19.20	48.52	21.99
24	66.45	11.65	30.54	66.32	32.68
25	72.00	5.77	27.87	71.96	28.56
26	31.40	13.30	9.50	31.38	16.37
27	78.25	6.19	25.97	78.25	26.70

续表

样本编号	L^*	a^*	b^*	L	C^*
28	80.29	5.80	20.92	80.29	21.72
29	85.46	1.30	4.07	85.46	4.89
30	52.50	16.06	25.66	52.50	30.27
31	74.49	5.03	20.01	74.47	20.64
32	56.48	9.79	19.83	56.46	22.10
33	70.59	5.18	18.34	70.57	19.05
34	81.11	3.70	12.50	81.10	13.04
35	85.96	1.03	10.15	85.96	10.21
36	81.68	1.52	9.93	81.68	10.05
37	63.40	7.40	16.47	63.39	18.07
38	25.47	2.04	0.17	25.45	2.07
39	38.68	15.63	11.89	38.68	19.64
40	32.55	10.33	5.44	32.55	11.68
41	39.72	16.33	13.31	39.72	21.07
42	73.33	7.54	20.90	73.32	22.23
43	42.31	1.98	4.16	42.31	4.61
44	58.89	9.38	22.28	58.83	24.12
45	62.26	13.44	26.05	62.26	29.31
46	35.65	15.99	9.85	35.65	18.78
47	72.28	8.47	20.86	72.27	22.54
48	31.41	2.14	1.74	31.41	2.76
49	43.79	5.40	10.27	43.68	11.44
50	69.97	4.31	12.63	69.96	13.35
51	80.29	5.03	15.81	80.29	16.59
52	62.97	9.38	17.59	62.93	19.90
53	35.33	8.05	9.31	35.33	12.31
54	30.93	1.67	2.12	30.93	2.70

样本编号	L^*	a^*	b^*	L	C^*
55	83.84	0.70	12.37	83.84	12.40
56	77.10	5.89	20.30	77.01	21.27
57	35.31	6.18	4.81	35.31	7.83
58	36.19	6.72	7.94	36.18	10.41
59	82.50	3.38	11.94	82.49	12.44
60	92.15	−0.91	4.37	92.15	4.47
61	75.91	6.48	22.47	75.91	23.39
62	49.20	23.10	25.22	49.18	34.19
63	52.99	16.36	24.13	52.77	29.19
64	73.59	6.05	19.48	73.59	20.40
65	49.47	19.05	22.85	49.45	29.74
66	81.95	5.22	15.86	85.95	16.70
67	73.06	5.85	17.43	73.06	18.39
68	65.83	7.98	21.94	65.82	23.35
69	52.90	14.43	20.69	52.89	25.24
70	69.02	8.09	17.94	69.00	19.70
71	80.82	3.67	10.30	80.81	10.94
72	32.01	3.09	2.71	32.06	4.12
73	41.31	4.14	9.43	41.18	10.24
74	77.40	3.66	17.08	77.37	17.52
75	43.90	15.66	16.60	43.79	22.82
76	67.39	14.88	29.97	67.38	33.47
77	24.38	0.16	0.05	24.38	0.18
78	46.62	17.00	23.82	46.62	29.26
79	30.21	4.94	2.04	30.20	5.33
80	34.10	4.28	4.17	34.10	5.98
81	83.90	2.33	14.34	83.89	14.54

续表

样本编号	L^*	a^*	b^*	L	C^*
82	35.43	11.89	6.72	35.41	13.60
83	36.24	15.20	9.58	36.23	17.97
84	53.95	9.86	18.53	53.68	21.00
85	29.86	2.88	1.25	29.86	3.14
86	74.77	7.30	24.76	74.76	25.83
87	43.62	9.55	13.66	43.52	16.59
88	78.64	4.57	18.14	78.61	18.76
89	42.99	13.56	19.46	42.98	23.71
90	87.93	1.43	8.36	87.93	8.49
91	72.13	2.91	15.29	72.10	15.60
92	79.98	4.81	16.21	79.97	16.91
93	50.65	12.87	23.14	50.63	26.48
94	82.97	2.57	15.40	82.97	15.62
95	84.27	0.51	9.56	84.27	9.58
96	34.11	13.74	7.09	34.11	15.46
97	37.30	20.01	12.65	37.30	23.67
98	66.69	16.05	32.01	66.69	35.81
99	65.53	13.04	25.59	65.51	28.73
100	61.01	4.37	9.75	61.00	10.69
101	52.00	6.67	11.80	51.99	13.52
102	60.89	13.18	28.26	60.88	31.68
103	83.76	3.44	11.34	83.76	11.85
104	75.01	5.84	19.07	75.00	19.96
105	64.11	8.91	17.59	64.05	19.76
106	63.12	17.54	26.54	63.12	31.81
107	28.81	1.45	2.18	28.79	2.64
108	30.67	9.72	4.60	30.66	10.75

续表

样本编号	L^*	a^*	b^*	L	C^*
109	56.30	16.01	21.33	56.30	25.52
110	70.53	11.39	28.99	70.52	31.15
111	78.98	3.42	19.62	78.98	19.91
112	88.64	−0.36	8.21	88.64	8.22
113	49.04	9.51	12.40	48.98	15.60
114	44.02	17.32	22.51	44.00	28.97
115	38.62	15.09	12.09	38.59	19.66
116	32.84	3.80	4.16	32.84	5.64
117	38.52	15.92	13.53	38.50	20.86
118	52.00	18.80	21.91	51.87	29.76
119	46.64	23.12	24.74	46.63	33.86
120	55.33	19.78	30.09	55.33	36.01
121	31.82	5.19	3.48	31.82	6.25
122	34.61	14.21	11.07	34.61	18.02
123	85.72	2.27	5.63	85.72	6.07
124	62.98	9.50	15.64	62.97	18.30
125	77.41	6.10	15.46	77.40	16.64
126	73.25	7.46	23.69	73.24	24.85

表 A11　色彩计算值

样本编号	L^*	a^*	b^*	L	C^*
1	42.26	10.92	14.79	42.26	18.38
2	40.02	11.65	14.22	40.01	18.39
3	32.96	12.60	5.69	32.95	13.79
4	61.43	12.10	23.37	61.41	26.31
5	54.29	17.77	29.57	54.20	34.45
6	69.65	12.62	28.35	69.64	31.05
7	72.06	5.63	17.13	72.01	18.04
8	83.17	2.56	10.72	83.05	11.07
9	52.29	16.79	29.92	52.27	34.32
10	43.61	19.03	17.31	43.61	25.72
11	70.20	8.80	26.57	70.20	27.99
12	55.35	16.82	27.32	55.35	32.08
13	60.33	16.69	28.37	60.32	32.93
14	70.79	9.02	40.11	70.77	40.15
15	35.22	3.50	12.80	35.22	4.49
16	62.19	10.50	26.37	62.19	28.38
17	36.62	7.49	9.60	36.62	12.19
18	78.93	3.87	14.15	78.94	15.12
19	31.90	7.62	4.08	31.89	8.64
20	43.80	23.20	22.80	43.78	32.51
21	48.10	23.01	28.86	48.10	36.92
22	65.51	10.68	25.36	65.47	27.63
23	48.56	10.80	19.20	48.52	21.99
24	66.45	11.65	30.54	66.32	32.68
25	72.00	5.77	27.87	71.96	28.56
26	31.40	13.30	9.50	31.38	16.37
27	78.25	6.19	25.97	78.25	26.70

样本编号	L^*	a^*	b^*	L	C^*
28	80.29	5.80	20.92	80.29	21.72
29	85.46	1.30	4.07	85.46	4.89
30	52.50	16.06	25.66	52.50	30.27
31	74.49	5.03	20.01	74.47	20.64
32	56.48	9.79	19.83	56.46	22.10
33	70.59	5.18	18.34	70.57	19.05
34	81.11	3.70	12.50	81.10	13.04
35	85.96	1.03	10.15	85.96	10.21
36	81.68	1.52	9.93	81.68	10.05
37	63.40	7.40	16.47	63.39	18.07
38	25.47	2.04	0.17	25.45	2.07
39	38.68	15.63	11.89	38.68	19.64
40	32.55	10.33	5.44	32.55	11.68
41	39.72	16.33	13.31	39.72	21.07
42	73.33	7.54	20.90	73.32	22.23
43	42.31	1.98	4.16	42.31	4.61
44	58.89	9.38	22.28	58.83	24.12
45	62.26	13.44	26.05	62.26	29.31
46	35.65	15.99	9.85	35.65	18.78
47	72.28	8.47	20.86	72.27	22.54
48	31.41	2.14	1.74	31.41	2.76
49	43.79	5.40	10.27	43.68	11.44
50	69.97	4.31	12.63	69.96	13.35
51	80.29	5.03	15.81	80.29	16.59
52	62.97	9.38	17.59	62.93	19.90
53	35.33	8.05	9.31	35.33	12.31
54	30.93	1.67	2.12	30.93	2.70

续表

样本编号	L^*	a^*	b^*	L	C^*
55	83.84	0.70	12.37	83.84	12.40
56	77.10	5.89	20.30	77.01	21.27
57	35.31	6.18	4.81	35.31	7.83
58	36.19	6.72	7.94	36.18	10.41
59	82.50	3.38	11.94	82.49	12.44
60	92.15	−0.91	4.37	92.15	4.47
61	75.91	6.48	22.47	75.91	23.39
62	49.20	23.10	25.22	49.18	34.19
63	52.99	16.36	24.13	52.77	29.19
64	73.59	6.05	19.48	73.59	20.40
65	49.47	19.05	22.85	49.45	29.74
66	81.95	5.22	15.86	85.95	16.70
67	73.06	5.85	17.43	73.06	18.39
68	65.83	7.98	21.94	65.82	23.35
69	52.90	14.43	20.69	52.89	25.24
70	69.02	8.09	17.94	69.00	19.70
71	80.82	3.67	10.30	80.81	10.94
72	32.01	3.09	2.71	32.06	4.12
73	41.31	4.14	9.43	41.18	10.24
74	77.40	3.66	17.08	77.37	17.52
75	43.90	15.66	16.60	43.79	22.82
76	67.39	14.88	29.97	67.38	33.47
77	24.38	0.16	0.05	24.38	0.18
78	46.62	17.00	23.82	46.62	29.26
79	30.21	4.94	2.04	30.20	5.33
80	34.10	4.28	4.17	34.10	5.98
81	83.90	2.33	14.34	83.89	14.54

样本编号	L^*	a^*	b^*	L	C^*
82	35.43	11.89	6.72	35.41	13.60
83	36.24	15.20	9.58	36.23	17.97
84	53.95	9.86	18.53	53.68	21.00
85	29.86	2.88	1.25	29.86	3.14
86	74.77	7.30	24.76	74.76	25.83
87	43.62	9.55	13.66	43.52	16.59
88	78.64	4.57	18.14	78.61	18.76
89	42.99	13.56	19.46	42.98	23.71
90	87.93	1.43	8.36	87.93	8.49
91	72.13	2.91	15.29	72.10	15.60
92	79.98	4.81	16.21	79.97	16.91
93	50.65	12.87	23.14	50.63	26.48
94	82.97	2.57	15.40	82.97	15.62
95	84.27	0.51	9.56	84.27	9.58
96	34.11	13.74	7.09	34.11	15.46
97	37.30	20.01	12.65	37.30	23.67
98	66.69	16.05	32.01	66.69	35.81
99	65.53	13.04	25.59	65.51	28.73
100	61.01	4.37	9.75	61.00	10.69
101	52.00	6.67	11.80	51.99	13.52
102	60.89	13.18	28.26	60.88	31.68
103	83.76	3.44	11.34	83.76	11.85
104	75.01	5.84	19.07	75.00	19.96
105	64.11	8.91	17.59	64.05	19.76
106	63.12	17.54	26.54	63.12	31.81
107	28.81	1.45	2.18	28.79	2.64
108	30.67	9.72	4.60	30.66	10.75

续表

样本编号	L^*	a^*	b^*	L	C^*
109	56.30	16.01	21.33	56.30	25.52
110	70.53	11.39	28.99	70.52	31.15
111	78.98	3.42	19.62	78.98	19.91
112	88.64	−0.36	8.21	88.64	8.22
113	49.04	9.51	12.40	48.98	15.60
114	44.02	17.32	22.51	44.00	28.97
115	38.62	15.09	12.09	38.59	19.66
116	32.84	3.80	4.16	32.84	5.64
117	38.52	15.92	13.53	38.50	20.86
118	52.00	18.80	21.91	51.87	29.76
119	46.64	23.12	24.74	46.63	33.86
120	55.33	19.78	30.09	55.33	36.01
121	31.82	5.19	3.48	31.82	6.25
122	34.61	14.21	11.07	34.61	18.02
123	85.72	2.27	5.63	85.72	6.07
124	62.98	9.50	15.64	62.97	18.30
125	77.41	6.10	15.46	77.40	16.64
126	73.25	7.46	23.69	73.24	24.85

表 A12　光泽度平均值

样本编号	平均值	样本编号	平均值	样本编号	平均值	样本编号	平均值
1	8.23	41	7.68	81	13.67	121	10.02
2	11.77	42	13.22	82	14.77	122	11.95
3	7.73	43	7.45	83	8.85	123	15.00
4	16.07	44	9.12	84	13.37	124	15.58
5	14.73	45	10.75	85	17.23	125	12.65
6	34.35	46	14.17	86	9.93	126	14.48
7	9.47	47	20.25	87	8.95		
8	38.83	48	7.77	88	11.87		
9	15.13	49	10.25	89	9.87		
10	52.33	50	9.50	90	23.87		
11	53.72	51	23.42	91	13.07		
12	49.35	52	13.18	92	24.32		
13	59.28	53	11.98	93	11.65		
14	56.35	54	7.85	94	14.85		
15	10.60	55	13.80	95	15.22		
16	7.82	56	15.70	96	11.03		
17	9.95	57	16.18	97	13.17		
18	9.72	58	10.00	98	14.00		
19	10.28	59	11.27	99	15.77		
20	14.07	60	23.78	100	15.15		
21	40.00	61	14.92	101	13.18		
22	17.23	62	11.55	102	13.53		
23	13.12	63	10.33	103	13.05		
24	49.83	64	13.83	104	11.07		
25	11.60	65	12.82	105	12.12		

表 A13　粗糙度平均值

样本编号	平均值	样本编号	平均值	样本编号	平均值	样本编号	平均值
001	1.30	041	1.68	081	1.43	121	1.11
002	0.98	042	1.44	082	0.78	122	1.66
003	1.30	043	1.03	083	1.12	123	2.52
004	0.94	044	1.35	084	1.29	124	1.72
005	0.77	045	2.55	085	1.52	125	1.77
006	0.53	046	0.38	086	1.79	126	3.57
007	2.02	047	1.41	087	1.30		
008	0.31	048	1.45	088	1.88		
009	0.93	049	0.85	089	1.37		
010	0.28	050	2.15	090	0.73		
011	1.27	051	2.08	091	1.83		
012	0.22	052	1.29	092	1.53		
013	0.15	053	0.68	093	1.58		
014	0.15	054	1.31	094	1.69		
015	1.07	055	1.22	095	1.11		
016	2.03	056	1.34	096	1.54		
017	1.86	057	1.24	097	1.25		
018	0.96	058	1.45	098	1.25		
019	1.16	059	1.30	099	0.95		
020	1.12	060	0.94	100	1.21		
021	0.24	061	1.38	101	1.24		
022	1.23	062	1.34	102	1.31		
023	1.64	063	0.89	103	1.25		
024	0.30	064	1.31	104	1.23		
025	1.23	065	1.42	105	1.78		
026	0.39	066	1.18	106	2.40		
027	1.35	067	2.81	107	1.13		

样本编号	平均值	样本编号	平均值	样本编号	平均值	样本编号	平均值
028	1.17	068	0.96	108	1.17		
029	1.99	069	0.70	109	0.29		
030	1.63	070	2.78	110	1.05		
031	0.80	071	0.61	111	1.20		
032	0.99	072	0.67	112	1.08		
033	1.99	073	0.87	113	1.19		
034	1.53	074	1.34	114	1.21		
035	1.53	075	1.52	115	1.34		
036	2.91	076	1.30	116	1.15		
037	1.25	077	1.61	117	1.16		
038	1.33	078	1.99	118	1.49		
039	0.79	079	1.34	119	1.17		
040	1.70	080	2.32	120	1.10		

表 A14 光泽度、纹理主观实验平均值

样本编号	光泽度平均值	纹理平均值	样本编号	光泽度平均值	纹理平均值
001	2.1930	3.7368	062	2.7193	2.2982
003	1.9298	3.7018	066	3.0000	2.0351
004	2.4035	3.0877	076	2.5789	2.0000
008	3.3333	2.2456	079	2.4737	2.1404
009	2.7368	3.6491	080	2.1579	3.0175
010	3.8070	2.5789	082	2.3860	2.5263
013	3.9474	2.4912	087	2.3860	2.5439
014	4.1930	1.8947	089	2.2281	2.0877
023	2.2632	3.5614	091	2.4035	2.3860
033	2.0000	2.2982	092	2.8070	2.0000
035	2.3860	1.9123	101	2.5263	2.2632
038	2.3684	1.6491	106	2.2105	2.8421
043	2.3333	2.0000	108	2.4386	2.9825
049	2.3333	2.8421	109	2.2105	2.4561
052	2.2982	2.5614	123	2.6842	2.6491
054	2.4386	2.0000	126	2.5789	3.7193
058	2.4211	3.1404			

表 A15　喜好度平均值

样本编号	平均值	样本编号	平均值	样本编号	平均值
1	2.5789	38	2.8246	82	2.3929
3	2.3684	43	2.7368	87	2.9649
4	2.6842	49	2.7193	89	2.5789
8	3.0000	52	2.6316	91	2.8947
9	2.5263	54	3.0877	92	3.1228
10	3.5088	58	2.6842	101	3.0702
13	3.1228	62	2.9825	106	2.2456
14	3.3036	66	3.2105	108	2.8596
23	2.5789	76	2.7368	109	2.5439
33	2.8772	79	2.9825	123	3.2105
35	3.0175	80	2.4386	126	3.351

表 A16　主观、客观实验数据汇总

样本编号	X_4	X_2	X_3	X_1^*	X_1	X_5^*	X_5	X_6	Y
1	8.55	13.23	3.07	8.23	2.19	1.30	3.81	3.74	2.58
2	8.99	12.51	2.85	11.77		0.98			
3	9.57	4.76	2.14	7.73	1.93	1.30	3.21	3.70	2.37
4	10.14	18.38	5.00	16.07	2.40	0.94	2.81	3.09	2.68
5	14.35	19.95	4.28	14.73		0.77			
6	11.02	20.82	5.82	34.35		0.53			
7	5.51	18.23	6.06	9.47		2.02			
8	2.89	17.67	7.17	38.83	3.33	0.31	1.63	2.25	3.00
9	13.76	20.15	4.08	15.13	2.74	0.93	3.30	3.65	2.53
10	14.35	13.31	3.21	52.33	3.81	0.28	1.68	2.58	3.51
11	8.54	21.08	5.87	53.72		1.27			
12	13.52	19.11	4.39	49.35		0.22			
13	13.54	19.78	4.89	59.28	3.95	0.15	1.44	2.49	3.12
14	10.45	26.02	5.93	56.35	4.19	0.15	1.44	1.89	3.30
15	3.71	16.15	2.37	10.60		1.07			
16	9.52	20.21	5.07	7.82		2.03			
17	5.84	10.66	2.51	9.95		1.86			
18	4.10	18.14	6.75	9.72		0.96			
19	5.66	3.71	2.04	10.28		1.16			
20	17.54	16.08	3.23	14.07		1.12			
21	17.74	19.05	3.66	40.00		0.24			
22	9.50	19.84	5.40	17.23		1.23			
23	8.88	16.16	3.71	13.12	2.26	1.64	3.88	3.56	2.58
24	10.71	21.82	5.50	49.83		0.30			
25	6.99	22.63	6.05	11.60		1.23			
26	9.98	8.15	1.99	16.40		0.39			
27	6.97	22.01	6.68	13.68		1.35			

续表

样本编号	X_4	X_2	X_3	X_1^*	X_1	X_5^*	X_5	X_6	Y
28	6.09	20.20	6.89	16.47		1.17			
29	1.33	14.77	7.40	14.58		1.99			
30	12.87	18.34	4.10	8.72		1.63			
31	5.52	19.97	6.30	9.42		0.80			
32	8.32	17.14	4.50	8.92		0.99			
33	5.40	19.01	5.91	8.05	2.00	1.99	2.98	2.30	2.88
34	3.79	17.47	6.97	13.15		1.53			
35	1.91	19.32	7.45	14.80	2.39	1.53	2.11	1.91	3.02
36	2.17	18.44	7.02	9.48		2.91			
37	6.48	16.60	5.19	14.60		1.25			
38	0.95	−4.70	1.39	6.58	2.37	1.33	1.74	1.65	2.82
39	11.75	9.95	2.72	14.32		0.79			
40	7.75	4.75	2.10	6.72		1.70			
41	12.28	10.90	2.82	7.68		1.68			
42	7.10	19.16	6.19	13.22		1.44			
43	1.78	11.43	3.08	7.45	2.33	1.03	1.86	2.00	2.74
44	8.36	18.59	4.74	9.12		1.35			
45	11.26	19.36	5.08	10.75		2.55			
46	12.06	8.30	2.41	14.17		0.38			
47	7.64	18.73	6.08	20.25		1.41			
48	1.58	4.23	1.99	7.77		1.45			
49	4.56	13.10	3.23	10.25	2.33	0.85	2.61	2.84	2.72
50	4.17	16.62	5.85	9.50		2.15			
51	4.99	18.23	6.89	23.42		2.08			
52	7.83	16.31	5.15	13.18	2.30	1.29	2.42	2.56	2.63
53	6.20	9.99	2.38	11.98		0.68			
54	1.36	7.29	1.94	7.85	2.44	1.31	2.58	2.00	3.09

续表

样本编号	X_4	X_2	X_3	X_1^*	X_1	X_5^*	X_5	X_6	Y
55	2.02	20.43	7.24	13.80		1.22			
56	6.06	19.76	6.57	15.70		1.34			
57	4.61	5.84	2.38	16.18		1.24			
58	5.20	9.54	2.47	10.00	2.42	1.45	3.32	3.14	2.68
59	3.53	17.50	7.11	11.27		1.30			
60	−0.24	22.22	8.07	23.78		0.94			
61	6.68	20.40	6.45	14.92		1.38			
62	17.58	17.43	3.77	11.55	2.72	1.34	2.04	2.30	2.98
63	12.93	17.58	4.15	10.33		0.89			
64	6.05	19.19	6.21	13.83		1.31			
65	14.63	16.50	3.80	12.82		1.42			
66	5.11	18.19	7.05	14.53	3.00	1.18	1.91	2.04	3.21
67	5.67	18.29	6.16	8.18		2.81			
68	7.48	19.19	5.44	8.08		0.96			
69	11.36	16.16	4.14	12.82		0.70			
70	7.07	17.28	5.76	8.02		2.78			
71	3.51	16.12	6.94	15.32		0.61			
72	2.32	5.24	2.05	10.40		0.67			
73	3.69	13.54	2.98	7.38		0.87			
74	4.36	19.61	6.60	9.13		1.34			
75	11.91	13.26	3.24	11.92		1.52			
76	12.58	21.00	5.59	14.80	2.58	1.30	2.16	2.00	2.74
77	−0.34	−2.35	1.28	13.35		1.61			
78	13.32	17.11	3.51	11.35		1.99			
79	3.56	1.06	1.87	6.95	2.47	1.34	2.33	2.14	2.98
80	3.25	6.68	2.26	10.43	2.16	2.32	3.05	3.02	2.44
81	3.23	19.66	7.25	13.67		1.43			

样本编号	X_4	X_2	X_3	X_1^*	X_1	X_5^*	X_5	X_6	Y
82	8.94	5.96	2.39	14.77	2.39	0.78	1.93	2.53	2.39
83	11.45	8.16	2.47	8.85		1.12			
84	8.23	16.32	4.25	13.37		1.29			
85	1.94	0.47	1.83	17.23		1.52			
86	7.44	20.99	6.33	9.93		1.79			
87	7.55	13.05	3.21	8.95	2.39	1.30	2.35	2.54	2.96
88	5.02	19.56	6.72	11.87		1.88			
89	10.68	15.32	3.15	9.87	2.23	1.37	2.04	2.09	2.58
90	1.92	17.99	7.65	23.87		0.73			
91	3.69	19.17	6.07	13.07	2.40	1.83	2.14	2.39	2.89
92	4.91	18.56	6.85	24.32	2.81	1.53	2.65	2.00	3.12
93	10.59	17.69	3.92	11.65		1.58			
94	3.51	19.87	7.15	14.85		1.69			
95	1.52	19.72	7.28	15.22		1.11			
96	10.40	6.08	2.26	11.03		1.54			
97	15.11	10.26	2.58	13.17		1.25			
98	13.53	21.66	5.52	14.00		1.25			
99	10.96	19.35	5.41	15.77		0.95			
100	3.87	14.28	4.95	15.15		1.21			
101	5.52	13.61	4.05	13.18	2.53	1.24	2.32	2.26	3.07
102	11.35	20.35	4.94	13.53		1.31			
103	3.49	17.13	7.23	13.05		1.25			
104	5.87	19.16	6.36	11.07		1.23			
105	7.53	16.55	5.26	12.12		1.78			
106	13.91	18.94	5.16	8.23	2.21	2.40	2.89	2.84	2.25
107	1.24	8.32	1.73	9.92		1.13			
108	7.30	3.77	1.91	9.93	2.44	1.17	2.16	2.98	2.86

续表

样本编号	X_4	X_2	X_3	X_1^*	X_1	X_5^*	X_5	X_6	Y
109	12.46	16.34	4.48	9.13	2.21	0.29	2.46	2.46	2.54
110	10.36	21.40	5.91	15.20		1.05			
111	4.56	20.85	6.75	14.23		1.20			
112	0.79	20.83	7.72	15.40		1.08			
113	7.42	12.35	3.75	12.05		1.19			
114	13.43	16.31	3.25	11.28		1.21			
115	11.34	10.16	2.71	10.68		1.34			
116	2.94	7.32	2.13	9.88		1.15			
117	11.98	11.05	2.70	10.60		1.16			
118	14.40	16.13	4.05	10.78		1.49			
119	17.57	17.12	3.51	11.62		1.17			
120	15.69	20.02	4.38	11.85		1.10			
121	3.83	4.19	2.03	10.02		1.11			
122	10.68	9.38	2.31	11.95		1.66			
123	2.12	14.29	7.43	15.00	2.68	2.52	3.21	2.65	3.21
124	7.70	15.10	5.15	15.58		1.72			
125	5.58	17.26	6.60	12.65		1.77			
126	7.40	20.43	6.18	14.48	2.58	3.57	3.30	3.72	3.04

注:光泽度*表示通过光泽度仪测得的物理量、粗糙度*表示通过粗糙度仪测得的物理量。

表 A17 无量纲化处理后所得数据

序号	X_{11}	X_1	X_2	X_3	X_4	X_5	X_{51}	X_6	Y
1	-0.65654	-0.73539	0.20626	-0.36714	-0.83372	-0.02138	2.02948	1.93322	-0.85887
2	-0.30754		0.30793	-0.49378	-0.95395	-0.57330			
3	-0.70593	-1.23405	0.43935	-1.86202	-1.33290	-0.02138	1.11938	1.87434	-1.56788
4	0.11720	-0.33647	0.57040	0.54177	0.19524	-0.64665	0.50372	0.84394	-0.50436
5	-0.01450		1.53257	0.81866	-0.18800	-0.94357			
6	1.92314		0.77188	0.97149	0.63645	-1.36973			
7	-0.53472		-0.48931	0.51460	0.76581	1.23963			
8	2.36598	1.42545	-1.08643	0.41563	1.36215	-1.75048	-1.28972	-0.56917	0.55916
9	0.02501	0.29516	1.39884	0.85386	-0.29535	-0.66412	1.25322	1.78602	-1.03612
10	3.69945	2.32303	1.53344	-0.35314	-0.76126	-1.79589	-1.20941	-0.00981	2.27261
11	3.83609		0.20527	1.01663	0.66597	-0.06575			
12	3.40477		1.34349	0.66936	-0.13111	-1.90417			
13	4.38594	2.58898	1.34821	0.78783	0.13620	-2.02294	-1.58416	-0.15701	0.97275
14	4.09620	3.05439	0.64195	1.88791	0.69764	-2.02992	-1.58416	-1.15797	1.58153
15	-0.42277		-0.89950	0.14717	-1.21159	-0.42309			
16	-0.69770		0.42784	0.86373	0.23603	1.25710			
17	-0.48698		-0.41171	-0.82034	-1.13645	0.95669			
18	-0.51003		-0.81084	0.49925	1.13456	-0.61521			
19	-0.45405		-0.45386	-2.04725	-1.38980	-0.27289			
20	-0.08035		2.26384	0.13604	-0.75106	-0.33926			
21	2.48122		2.30825	0.65881	-0.52025	-1.86575			
22	0.23244		0.42465	0.79816	0.41424	-0.13666			
23	-0.17419	-0.60242	0.28355	0.14974	-0.49556	0.56546	2.13655	1.63882	-0.85887
24	3.45251		0.69990	1.14840	0.46469	-1.76445			
25	-0.32400		-0.14999	1.29153	0.76259	-0.14364			
26	0.15012		0.53517	-1.26417	-1.41664	-1.61774			
27	-0.11822		-0.15427	1.18054	1.09806	0.07293			
28	0.15671		-0.35662	0.86126	1.20756	-0.25193			
29	-0.02932		-1.44347	-0.09516	1.48506	1.18374			
30	-0.60880		1.19551	0.53490	-0.28408	0.54800			
31	-0.53966		-0.48475	0.82176	0.89624	-0.88768			
32	-0.58905		0.15540	0.32182	-0.07045	-0.55932			
33	-0.67465	-1.10107	-0.51440	0.65226	0.68691	1.18374	0.77140	-0.48085	0.14557
34	-0.17090		-0.88104	0.38125	1.25157	0.38033			
35	-0.00792	-0.36971	-1.31145	0.70625	1.51190	0.38033	-0.56699	-1.12853	0.61824

续表

序号	X_{11}	X_1	X_2	X_3	X_4	X_5	X_{51}	X_6	Y
36	-0.53307		-1.25120	0.55137	1.28217	2.78359			
37	-0.02767		-0.26555	0.22661	0.30098	-0.11220			
38	-0.81952	-0.40295	-1.53161	-2.70111	-1.73493	0.03101	-1.12911	-1.57013	-0.03168
39	-0.05566		0.93822	-0.94596	-1.02588	-0.90863			
40	-0.80635		0.02502	-1.86403	-1.35491	0.68423			
41	-0.71087		1.06049	-0.77778	-0.97005	0.64231			
42	-0.16431		-0.12549	0.67873	0.83398	0.22314			
43	-0.73392	-0.46944	-1.34125	-0.68565	-0.83104	-0.48597	-0.94174	-0.98133	-0.32711
44	-0.56929		0.16287	0.57743	0.05890	0.05896			
45	-0.40796		0.82685	0.71384	0.23979	2.16181			
46	-0.07048		1.00901	-1.23646	-1.18851	-1.63520			
47	0.53041		-0.00038	0.60228	0.77762	0.17772			
48	-0.70264		-1.38754	-1.95566	-1.41610	0.24060			
49	-0.45735	-0.46944	-0.70429	-0.39053	-0.75160	-0.81432	0.20927	0.43179	-0.38619
50	-0.53143		-0.79447	0.23097	0.65363	1.46319			
51	0.84320		-0.60755	0.51380	1.20756	1.33744			
52	-0.16760	-0.53593	0.04154	0.17601	0.27790	-0.03536	-0.08517	-0.03925	-0.68161
53	-0.28613		-0.33106	-0.93815	-1.20569	-1.10425			
54	-0.69441	-0.26998	-1.43618	-1.41473	-1.44186	-0.01090	0.15574	-0.98133	0.85458
55	-0.10669		-1.28623	0.90259	1.39811	-0.16111			
56	0.08098		-0.36300	0.78539	1.03634	0.04848			
57	0.12872		-0.69336	-1.67078	-1.20676	-0.12967			
58	-0.48204	-0.30322	-0.55974	-1.01913	-1.15953	0.24409	1.27998	0.93226	-0.50436
59	-0.35692		-0.94028	0.38549	1.32618	-0.01440			
60	0.87941		-1.74824	1.21800	1.84415	-0.64316			
61	0.00361		-0.22134	0.89710	0.97246	0.11136			
62	-0.32894	0.26192	2.27174	0.37421	-0.46121	0.05547	-0.67406	-0.48085	0.50008
63	-0.44911		1.20776	0.40035	-0.25778	-0.74446			
64	-0.10340		-0.36566	0.68368	0.84793	-0.00042			
65	-0.20382		1.59699	0.20891	-0.44672	0.18820			
66	-0.03426	0.79382	-0.58055	0.50756	1.29666	-0.23446	-0.86143	-0.92245	1.26817
67	-0.66148		-0.45120	0.52549	0.81949	2.61592			
68	-0.67136		-0.03687	0.68429	0.43141	-0.60823			
69	-0.20382		0.84980	0.14962	-0.26261	-1.06932			
70	-0.67794		-0.13107	0.34695	0.60264	2.56352			

续表

序号	X_{11}	X_1	X_2	X_3	X_4	X_5	X_{51}	X_6	Y
71	0.04312		−0.94610	0.14303	1.23601	−1.22301			
72	−0.44253		−1.21784	−1.77736	−1.38416	−1.12521			
73	−0.74050		−0.90357	−0.31200	−0.88471	−0.76542			
74	−0.56764		−0.75204	0.75805	1.05244	0.04149			
75	−0.29272		0.97476	−0.36196	−0.74569	0.36286			
76	−0.00792	−0.00403	1.12873	1.00410	0.51515	−0.01789	−0.48669	−0.98133	−0.32711
77	−0.15114		−1.74824	−2.70111	−1.79344	0.52704			
78	−0.34869		1.29788	0.31645	−0.59969	1.19073			
79	−0.78330	−0.20349	−0.93500	−2.51395	−1.48051	0.05197	−0.21901	−0.74581	0.50008
80	−0.43924	−0.80188	−1.00407	−1.52357	−1.27171	1.76360	0.87847	0.72618	−1.33154
81	−0.11986		−1.00961	0.76612	1.40133	0.19868			
82	−0.01121	−0.36971	0.29662	−1.64934	−1.20032	−0.93658	−0.83467	−0.09813	−1.48558
83	−0.59563		0.86951	−1.26130	−1.15685	−0.33576			
84	−0.14950		0.13289	0.17800	−0.20625	−0.03536			
85	0.23244		−1.30400	−2.61749	−1.49930	0.36985			
86	−0.48862		−0.04588	1.00231	0.91127	0.83094			
87	−0.58575	−0.36971	−0.02207	−0.39839	−0.76072	−0.01789	−0.19224	−0.06869	0.44099
88	−0.29766		−0.60085	0.74912	1.11900	0.99861			
89	−0.49521	−0.66890	0.69483	0.00141	−0.79454	0.09389	−0.67406	−0.83413	−0.85887
90	0.88765		−1.30989	0.47234	1.61764	−1.01343			
91	−0.17913	−0.33647	−0.90447	0.68067	0.76957	0.91128	−0.51345	−0.33365	0.20465
92	0.93209	0.42814	−0.62558	0.57235	1.19092	0.38382	0.26281	−0.98133	0.97275
93	−0.31906		0.67456	0.41895	−0.38338	0.46416			
94	−0.00298		−0.94574	0.80420	1.35141	0.65628			
95	0.03324		−1.40121	0.77815	1.42119	−0.35323			
96	−0.37997		0.62946	−1.62888	−1.27117	0.40478			
97	−0.16925		1.70792	−0.89083	−1.09995	−0.10871			
98	−0.08694		1.34506	1.11967	0.47757	−0.11220			
99	0.08757		0.75881	0.71284	0.41531	−0.62569			
100	0.02665		−0.86307	−0.18299	0.17270	−0.18556			
101	−0.16760	−0.10376	−0.48563	−0.30104	−0.31092	−0.12618	−0.24578	−0.53973	0.79550
102	−0.13303		0.84702	0.88786	0.16626	0.00307			
103	−0.18077		−0.94905	0.32132	1.39381	−0.11570			
104	−0.37668		−0.40549	0.67799	0.92415	−0.14015			
105	−0.27296		−0.02516	0.21780	0.33909	0.81696			

续表

序号	X_{11}	X_1	X_2	X_3	X_4	X_5	X_{51}	X_6	Y
106	-0.65654	-0.70215	1.43304	0.63950	0.28595	1.90682	0.63756	0.43179	-1.98147
107	-0.49027		-1.46465	-1.23387	-1.55565	-0.32179			
108	-0.48862	-0.26998	-0.07866	-2.03580	-1.45582	-0.25542	-0.48669	0.66730	0.08648
109	-0.56764	-0.70215	1.10127	0.18050	-0.08011	-1.78541	-0.03163	-0.21589	-0.97704
110	0.03159		0.62134	1.07315	0.68369	-0.45453			
111	-0.06389		-0.70576	0.97630	1.13725	-0.18905			
112	0.05135		-1.56794	0.97346	1.65575	-0.40213			
113	-0.27955		-0.05250	-0.52290	-0.46980	-0.20652			
114	-0.35528		1.32285	0.17639	-0.73925	-0.17159			
115	-0.41454		0.84596	-0.90945	-1.02910	0.04499			
116	-0.49356		-1.07664	-1.41052	-1.33934	-0.28337			
117	-0.42277		0.99181	-0.75122	-1.03447	-0.26241			
118	-0.40467		1.54397	0.14479	-0.31092	0.31745			
119	-0.32235		2.26949	0.31804	-0.59862	-0.24494			
120	-0.29930		1.83972	0.83094	-0.13218	-0.37069			
121	-0.48039		-0.87297	-1.96194	-1.39409	-0.34624			
122	-0.28943		0.69328	-1.04685	-1.24434	0.60738			
123	0.01184	0.19543	-1.26419	-0.18018	1.49902	2.11640	1.11938	0.10795	1.26817
124	0.06946		0.01298	-0.03832	0.27844	0.71566			
125	-0.22028		-0.47203	0.34399	1.05297	0.80649			
126	-0.03920	-0.00403	-0.05614	0.90318	0.82968	3.94680	1.25322	1.90378	0.67733

表 A18　33 个样本数据汇总(经标准化处理)

变量名	X_1^*	X_2	X_3	X_4	X_5^*	X_6	Y
序号	光泽度 (客观)	色相	明度	饱和度	粗糙度 (客观)	纹理	喜好度
1	−0.65654	0.20626	−0.36714	−0.83372	−0.02138	1.93322	−0.85887
3	−0.70593	0.43935	−1.86202	−1.33290	−0.02138	1.87434	−1.56788
4	0.11720	0.57040	0.54177	0.19524	−0.64665	0.84394	−0.50436
8	2.36598	−1.08643	0.41563	1.36215	−1.75048	−0.56917	0.55916
9	0.02501	1.39884	0.85386	−0.29535	−0.66412	1.78602	−1.03612
10	3.69945	1.53344	−0.35314	−0.76126	−1.79589	−0.00981	2.27261
13	4.38594	1.34821	0.78783	0.13620	−2.02294	−0.15701	0.97275
14	4.09620	0.64195	1.88791	0.69764	−2.02992	−1.15797	1.58153
23	−0.17419	0.28355	0.14974	−0.49556	0.56546	1.63882	−0.85887
33	−0.67465	−0.51440	0.65226	0.68691	1.18374	−0.48085	0.14557
35	−0.00792	−1.31145	0.70625	1.51190	0.38033	−1.12853	0.61824
38	−0.81952	−1.53161	−2.70111	−1.73493	0.03101	−1.57013	−0.03168
43	−0.73392	−1.34125	−0.68565	−0.83104	−0.48597	−0.98133	−0.32711
49	−0.45735	−0.70429	−0.39053	−0.75160	−0.81432	0.43179	−0.38619
52	−0.16760	0.04154	0.17601	0.27790	−0.03536	−0.03925	−0.68161
54	−0.69441	−1.43618	−1.41473	−1.44186	−0.01090	−0.98133	0.85458
58	−0.48204	−0.55974	−1.01913	−1.15953	0.24409	0.93226	−0.50436
62	−0.32894	2.27174	0.37421	−0.46121	0.05547	−0.48085	0.50008
66	−0.03426	−0.58055	0.50756	1.29666	−0.23446	−0.92245	1.26817
76	−0.00792	1.12873	1.00410	0.51515	−0.01789	−0.98133	−0.32711
79	−0.78330	−0.93500	−2.51395	−1.48051	0.05197	−0.74581	0.50008
80	−0.43924	−1.00407	−1.52357	−1.27171	1.76360	0.72618	−1.33154
82	−0.01121	0.29662	−1.64934	−1.20032	−0.93658	−0.09813	−1.48558
87	−0.58575	−0.02207	−0.39839	−0.76072	−0.01789	−0.06869	0.44099
89	−0.49521	0.69483	0.00141	−0.79454	0.09389	−0.83413	−0.85887

续表

变量名 序号	X_1^* 光泽度 （客观）	X_2 色相	X_3 明度	X_4 饱和度	X_5^* 粗糙度 （客观）	X_6 纹理	Y 喜好度
91	−0.17913	−0.90447	0.68067	0.76957	0.91128	−0.33365	0.20465
92	0.93209	−0.62558	0.57235	1.19092	0.38382	−0.98133	0.97275
101	−0.16760	−0.48563	−0.30104	−0.31092	−0.12618	−0.53973	0.79550
106	−0.65654	1.43304	0.63950	0.28595	1.90682	0.43179	−1.98147
108	−0.48862	−0.07866	−2.03580	−1.45582	−0.25542	0.66730	0.08648
109	−0.56764	1.10127	0.18050	−0.08011	−1.78541	−0.21589	−0.97704
123	0.01184	−1.26419	−0.18018	1.49902	2.11640	0.10795	1.26817
126	−0.03920	−0.05614	0.90318	0.82968	3.94680	1.90378	0.67733

表 A19　归一化处理结果

样本编号	A_1	A_2	A_3	A_4	A_5	A_6
1	0.031309	0.583768	0.277567	0.456931	0.336061	1
3	0.021822	0.307847	0.123822	0.518217	0.336061	0.983193
4	0.179949	0.751532	0.594478	0.552674	0.231444	0.689076
8	0.611954	0.728251	0.953877	0.117048	0.046756	0.285714
9	0.162239	0.809137	0.443379	0.77049	0.228521	0.957983
10	0.868121	0.586353	0.299884	0.805881	0.039158	0.445378
13	1	0.796951	0.576294	0.757179	0.001169	0.403361
14	0.944339	1	0.749215	0.571485	0	0.117647
23	0.123972	0.679172	0.381716	0.477251	0.434249	0.915966
33	0.02783	0.771927	0.745908	0.26745	0.537697	0.310924
35	0.155914	0.781893	1	0.057886	0.403273	0.12605
38	0	0	0	0	0.344828	0
43	0.016445	0.524978	0.278393	0.050051	0.258328	0.168067
49	0.069576	0.579451	0.30286	0.217523	0.20339	0.571429
52	0.125237	0.684021	0.619937	0.413623	0.333723	0.436975
54	0.024035	0.390406	0.090263	0.025089	0.337814	0.168067
58	0.064832	0.463425	0.177219	0.25553	0.380479	0.714286
62	0.094244	0.720604	0.392296	1	0.348919	0.310924
66	0.150854	0.745219	0.933708	0.250058	0.300409	0.184874
76	0.155914	0.836869	0.693007	0.699473	0.336645	0.168067
79	0.006958	0.187514	0.07836	0.156863	0.348334	0.235294
80	0.073055	0.370316	0.142668	0.138703	0.634717	0.655462
82	0.155281	0.347103	0.164655	0.480689	0.182934	0.420168
87	0.044908	0.578	0.30005	0.396897	0.336645	0.428571
89	0.062302	0.651795	0.289635	0.585388	0.355348	0.210084
91	0.123023	0.777171	0.771367	0.164891	0.49211	0.352941
92	0.336496	0.757178	0.901141	0.23822	0.403857	0.168067
101	0.125237	0.595969	0.438585	0.275015	0.318527	0.294118
106	0.031309	0.769572	0.622417	0.779484	0.658679	0.571429
108	0.063567	0.275771	0.085965	0.382018	0.296902	0.638655
109	0.048387	0.68485	0.509671	0.692252	0.040912	0.386555
123	0.159709	0.618276	0.996032	0.070311	0.693746	0.478992
126	0.149905	0.818242	0.789883	0.387939	1	0.991597

表 A20 $T_1 \sim T_4$ 主成分得分值

样本编号	T_1	T_2	T_3	T_4
1	−0.56508	0.11735	1.49189	0.8007
3	−1.16435	−0.47993	1.58564	0.80155
4	0.5026	0.101	0.78161	0.06727
8	1.30763	−0.31844	−1.36586	1.77912
9	0.52449	0.00821	1.94057	0.00095
10	1.23411	−1.94686	0.74122	0.97196
13	2.06122	−1.52731	0.40087	1.27984
14	2.45914	−1.04119	−0.6387	0.68958
23	−0.21222	0.49428	1.32667	0.72196
33	0.12453	1.23964	−0.60238	−0.63618
35	0.56483	1.1306	−1.66835	−0.03519
38	−1.99234	−1.25483	−1.63349	−0.15343
43	−0.70235	−0.38763	−1.19597	−0.26828
49	−0.45251	−0.34847	0.0034	0.47472
52	0.21731	0.30939	−0.05409	−0.32355
54	−1.20792	−0.59089	−1.13759	−0.0906
58	−0.95056	−0.12804	0.49657	0.80866
62	0.50772	−0.29871	1.03061	−2.60233
66	0.64976	0.64461	−1.15207	−0.42067
76	0.90886	0.25745	−0.0704	−1.94959
79	−1.52039	−0.86415	−0.78788	−0.127
80	−1.42781	0.41303	0.20222	1.07707
82	−0.61648	−1.20978	0.19119	−0.22211
87	−0.41312	−0.16462	0.09631	−0.53848
89	−0.06983	−0.28778	0.03275	−1.72362
91	0.22478	1.15547	−0.7603	0.09261
92	0.78529	0.71802	−1.17933	0.12632
101	−0.17971	−0.08517	−0.55344	−0.268
106	0.2338	1.2371	1.12142	−1.4601
108	−1.18033	−0.8321	0.55251	0.41493
109	0.49171	−0.74166	0.39159	−1.52528
123	−0.05916	1.88237	−0.83561	1.0563
126	−0.08366	2.799	1.24842	1.18087

表 A21 $T_1 \sim T_4$ 主成分得分值与 Y 值

样本编号	T_1	T_2	T_3	T_4	Y
1	0.320626	0.43495	0.875675	0.77669	0.263889
3	0.186003	0.309097	0.901652	0.776884	0.097222
4	0.560474	0.431505	0.678862	0.609296	0.347222
8	0.74132	0.343124	0.083817	1	0.597222
9	0.565392	0.411953	1	0.594159	0.222222
10	0.724804	0	0.667671	0.815778	1
13	0.91061	0.088403	0.573363	0.886047	0.694444
14	1	0.190834	0.285307	0.751329	0.83755
23	0.399894	0.514373	0.829894	0.758719	0.263889
33	0.475543	0.671427	0.295371	0.448744	0.5
35	0.574454	0.648451	0	0.585911	0.611111
38	0	0.145818	0.009659	0.558925	0.458333
43	0.289789	0.328545	0.130892	0.532712	0.388889
49	0.345914	0.336797	0.463227	0.70229	0.375
52	0.496385	0.475414	0.447297	0.520097	0.305556
54	0.176216	0.285716	0.147069	0.573265	0.666667
58	0.23403	0.383244	0.59988	0.778507	0.347222
62	0.561624	0.347282	0.747858	0	0.583333
66	0.593533	0.546049	0.143057	0.497931	0.763889
76	0.651738	0.46447	0.442778	0.148978	0.388889
79	0.106021	0.228138	0.24397	0.564957	0.583333
80	0.126818	0.497252	0.518318	0.839768	0.152778
82	0.309079	0.15531	0.515262	0.543249	0.116567
87	0.354763	0.375536	0.488972	0.471043	0.569444
89	0.431881	0.349585	0.47136	0.200552	0.263889
91	0.498064	0.653692	0.251613	0.615079	0.513889
92	0.623979	0.561517	0.135503	0.622773	0.694444
101	0.407197	0.392277	0.308932	0.532776	0.652778
106	0.50009	0.670892	0.773021	0.260697	0
108	0.182413	0.234891	0.615381	0.688644	0.486111
109	0.558028	0.253948	0.570791	0.24582	0.236111
123	0.434278	0.806857	0.230745	0.835027	0.763889
126	0.428774	1	0.808211	0.863458	0.625

被试填写　性别：　　出生年份：　　　　籍贯：

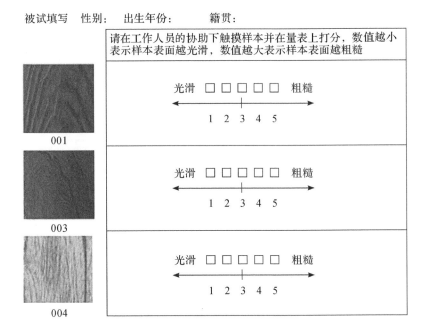

图 A1　量表评估问卷示例

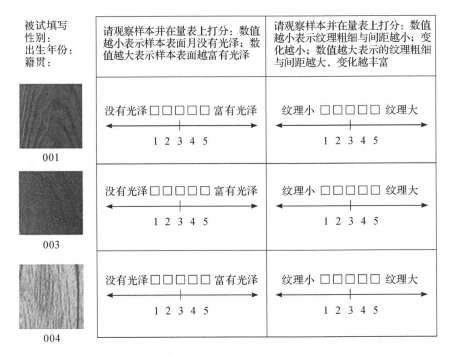

图 A2　量表评估问卷示例

被试填写　　性别：　　出生年份：　　　籍贯：

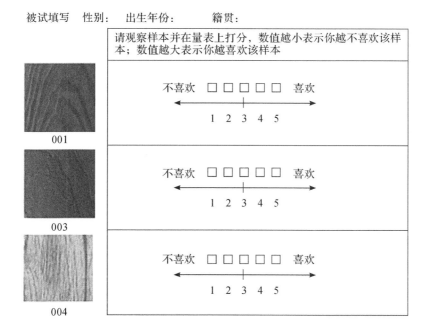

图 A3　量表评估问卷示例

索 引

图书在版编目（CIP）数据

材料质感意象认知研究 / 汪颖著. —杭州:浙江
大学出版社,2019.6
ISBN 978-7-308-19293-4

Ⅰ.①材… Ⅱ.①汪… Ⅲ.①产品设计－研究 Ⅳ.
①TB472

中国版本图书馆 CIP 数据核字（2019）第 131036 号

材料质感意象认知研究

汪　颖　著

策　　划	许佳颖	
责任编辑	金佩雯	
责任校对	陆雅娟	
封面设计	周　灵	
出版发行	浙江大学出版社	
	（杭州市天目山路 148 号　邮政编码 310007）	
	（网址：http://www.zjupress.com）	
排　　版	浙江时代出版服务有限公司	
印　　刷	虎彩印艺股份有限公司	
开　　本	710mm×1000mm　1/16	
印　　张	12.75	
字　　数	200 千	
版 印 次	2019 年 6 月第 1 版　2019 年 6 月第 1 次印刷	
书　　号	ISBN 978-7-308-19293-4	
定　　价	60.00 元	